U0079300

# 在家做 100%純天然 漢方藥妝品

中醫博士教你做48款醫療級生活保健用品！
步驟簡單易做、花費少，輕鬆守護健康

佳禾中醫診所院長 羅明宇◎著

作者序

# 國人皮膚問題越來越嚴重，和全身用的藥妝品都有關係！天然溫和的「自製漢方帖」有效又方便！

說起我學習中醫的過程，要從大學時代及西醫的檢驗部門說起。我曾接觸研究人體生理、病理和解剖學……等，經過西醫現代醫學的養成教育，深深了解到醫學的浩瀚無涯，同時致力學習著增進人體健康，與預防疾病的重要性。

在多年的現代醫學研究過程中，我發現很多藥物都有添加中草藥的有效成份，這激起了我對中醫藥的研究興趣，在準備論文之同時，我努力汲取了中醫古籍、中醫藥的知識，而在民國83年順利通過國家中醫師特考，就這樣開始了至今的中醫行醫之路。

## 市售藥妝品含化學添加劑，讓你皮膚變薄變癢、肝腎病變！

而早年我在現代醫學的檢驗研究上即發現，市售藥妝品大多含有「界面活性劑」等等化學添加物，**多數化合物本身就帶有致敏性或毒性**，而透過皮膚吸收長期累積，進入人體更是影響健康甚鉅（第14～17頁）。這些化工藥妝品含括了我們從頭到腳、每天24小時都會接觸到的個人用品，例如：乳液、沐浴精、洗滌劑、化妝品、牙膏、洗護髮乳、洗手液等。

皮膚長期接觸不當的化學添加劑，會吸收沉積體內造成過敏或生病，輕者引發皮膚癢、皮膚潰爛、掉髮禿頭等；重者導致內臟病變，尤以代謝器官肝、腎臟病變最多！以及造成荷爾蒙紊亂，男性會雌性化，女性會因為這些毒素進入子宮，而造成卵子急速衰退，**導致不孕、容易流產，而最大的危害是可能導致孩子的「先天性過敏症」或者「畸形」**。

## 常化妝女性尤其要小心，「皮膚併發症」會纏上妳！

或許我們日常生活中，常不自覺地使用了很多化合物藥妝品。媒體中消費者對化妝品和醫療外用藥膏的投訴也屢見不鮮。在我的門診中，則常有女性因皮膚問題前來就診，除了部份是因個人體質、生活作息、情緒壓力引起，每天使用的化妝品、卸妝清潔、肌膚頭髮保養品都大有關聯。

多數人在乎市售美妝保養品能呈現的美白、保濕、抗皺功效，卻很少考慮到其化學成份可能在身體長期累積的效應和危機。例如防曬的化學成份「二氧化鈦」、「氧化鋅」等，會引起**「光敏感性皮炎」**（統稱「日光性皮膚炎」，第93頁），並且病例越來越多。

臨床上也發現使用不合適膚質的化妝品，很容易造成**毛囊汗腺阻塞**，而產生皮膚問題，如「接觸性皮膚炎」和「過敏性皮膚炎」（第90、115、121頁）。除此之外，**美妝產品多含有：化學乳化劑、介面活性劑、人工色素、香精、防腐劑，甚至容易有重金屬殘留**。

再者，日常中卸妝、洗臉、保養換膚過於頻繁，還可能破壞我們的「第二張臉」——全身肌膚的天然保護膜「角質」。在臉上覆蓋過多化妝品，不僅達不到美白肌膚的作用，也容易導致皮膚負擔過重。例如有些油脂性比較高的「霜劑、乳劑」，容易有細菌和微生物的滋生；含有藥物性的化妝品也不可長期使用，容易刺激皮膚發生色素沉澱、產生痤瘡、皮膚粗糙老化，甚至會造成黃褐色的斑點。

## 「假天然商品」、「外用藥膏」氾濫，過敏毒害會更嚴重！

很多人當皮膚出現狀況，或因台灣位處於亞熱帶的潮濕氣候，皮膚容易罹患濕疹、蕁痲疹、汗皰疹、富貴手等，大家常習慣直接去藥房買「抗組織胺、類固醇」的藥膏來擦，卻不經專業醫師藥師指示，有時候造成病情反覆控制不當，皮膚反而發紅發亮、水腫緊繃感、肌膚變薄，造成相關藥膏貼布濫用的皮膚病變。

另一方面，雖然我們看到近年來環保養生的意識抬頭，大家對美容保養逐漸追求安全、長期使用、無副作用的產品。許多知名保養品牌也改變配方，標榜漢方傳統美容，陸續推出草本化妝品，但其原料來源、賦形劑、添加劑等標示的真實性，我們都需要更仔細的查證。

正統的中醫強調「藥食同源」，如一些天然的皮膚保濕劑，可以維持皮膚的含水量，如蜂蜜，珍珠，蘆薈，絲瓜等。而實行數千年的「中藥外治法」，強調直接作用於病變部位，直達病所透達肌膚，**運用經絡原理和局部肌膚相結合**，達到疏通經絡、流暢氣血、潤膚增白、駐顏減皺等功效。

因為這些天然的中藥美容方，大都含有如生物鹼、黃酮類、皂苷類、揮發油、樹脂、有機酸等植物活性物質，這些天然的美白保溼成份可以使我們的臉部紅潤、肌膚光滑細嫩，又可以減皺紋抗衰老，調理病變的膚質，一如古籍所說的「長肌膚，潤澤顏色」的療效。

## 數千年驗證，「漢方外治法」天然藥妝帖溫和、療效佳！

中藥除了運用在養生美容保健之外，中藥也常外用治病，這就是老祖宗「內病外治」的醫療方式。中醫外治法可達到「良藥苦口利於病，外治看病不苦口」的優點，因為外用中藥是直接作用於體表，安全可靠且適用範圍廣，且操作簡便，取材容易。

**漢方外用不經過腸胃道的吸收，沒有腸胃道刺激的問題，也不需要經過肝腎代謝，因此沒有肝腎毒性的疑慮。**

本書中所示範的48項自製藥妝品，**多數是已經在我的門診中使用多年，累積了自己和患者的使用經驗**，如「升龍天然漱口水」可以改善牙周病（第58頁）、「三伏貼」可改善久咳氣喘過敏（第115頁）、「當歸生地乳液」可減緩腳皮乾燥龜裂等（第133頁）；其它品項則是根據中醫古籍，及現代臨床大師的臨床外治經驗彙整而來，希望藉由此書推廣中醫藥的外用醫療寶庫，強調無毒生活的核心價值和生活省思。

雖然說中藥藥性較溫和，但一定得在用藥安全的前提下，才能發揮藥物的療效。所以本書我也詳細跟大家說明，**應該先辨識藥材的優劣真偽**，這是需經過專業中醫師藥師的推薦指導，才能避免誤用或混用；**也需要注意中藥的保存期限、使用方法**。當然更重要是提醒讀者，當皮膚發生久治不癒的問題，務必先找專業醫師查明病根，切記勿以偏方或密方，包含本書介紹的相關成品但錯誤使用而延誤就醫，以求最正確的醫療和保養方式。

**成書之際，藉由本序文特別要感謝我的恩師——「中華黃庭醫學會」理事長林源泉醫師，是老師無私的經驗分享，促成本書能夠成形。也感謝本診所同仁們和「蘋果屋出版社」的悉心協助。萬分感謝！**

佳禾中醫診所院長 羅明宇 謹誌

CONTENTS

# PART 3

# 開始自製天然漢方帖之前，你不能不知道的3件事！讓你買得放心，用得安心！

PART 4

# 自己做！居家常備藥妝品！從頭到腳對症療癒33帖，止癢、消炎、止痛都有效！

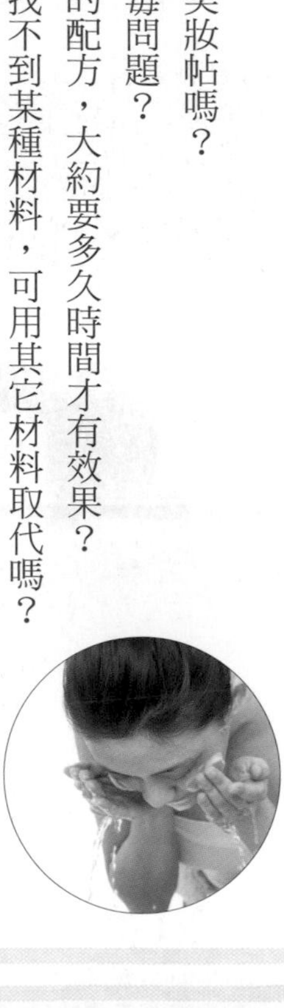
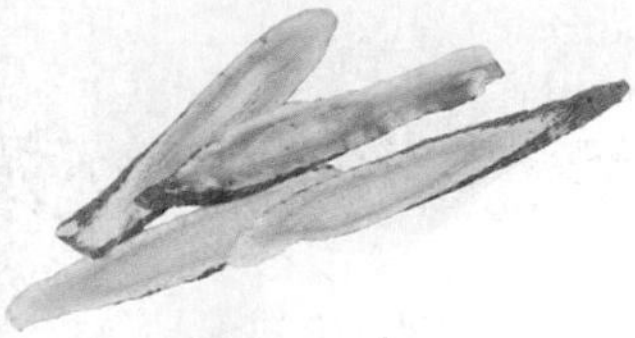

# PART 1

研究西方醫學起家，

# 我知道市售藥妝品擦在身上有多毒！

你還敢用嗎？

# 99％市售藥妝品都含化學添加物！每天用，就是每天餵皮膚吃「毒」！

皮膚炎總是好了又犯？頭皮屑、掉髮越來越嚴重？市面上藥妝品換了又換，始終沒有起色？……原來，這些都跟你每天用的清潔保養用品有關。左列是我們日常生活從頭到腳會用到的藥妝品，及其常見的化學添加物，馬上檢視你家中的產品有沒有這些「毒性化合物」！

## 速查！你全身用的8類藥妝品，有沒有含這些毒性添加物？

**1 洗髮精含：**

- □矽靈（Dimethicone）？
- □十二烷基硫酸鈉（Sodium dodecyl sulfate，SDS）？
- □煤焦油（Coal tar）？
- □界面活性劑（Sodium Lauryl Sulphate，SLS）？

**2 染髮劑含：**

- □對甲苯二胺（Toluene 2,5-diamine）？
- □對苯二胺（p-phenylenediamine，PPD）？

**3 洗面乳含：**

- □丙二醇（Propylene Glycol）？
- □十二烷基硫酸鈉（Sodium dodecyl sulfate，SDS）？
- □三氯沙（Triclosan）？
- □甘油硬脂酸酯（Polyglycerol fatty acid ester，PGFE）？

## 4 牙膏・漱口水・肥皂含：

□三氯沙（Triclosan）？

□安息香酸（苯甲酸）（Benzoic Acid）？

□二乙醇胺（DEA）？

□界面活性劑（Sodium Lauryl Sulphate，SLS）？

□丙二醇（Propylene Glycol）？

## 5 卸妝品・化妝品・化妝水含：

□甘油硬脂酸酯（PGFE）（界面活性劑）？

□鄰苯基苯酚（OPP）？

□聚乙二醇（PEG）？

## 6 面膜・乳液・美白保養品含：

□丙二醇（Propylene Glycol）？

□2,6－二叔丁基對甲酚（BHT）？

□對苯二酚（Hydroquinone）？

□丁基羥基茴香醚（BHA）？

## 7 乳霜・護膚品・爽身噴霧含：

□對羥基苯甲酸（Paraben）？

□流動石蠟（Liquid paraffin）？

□止汗劑（Antiperspirant）？

□汞鹽（Mercuric salt）？

## 8 止癢軟膏・藥膏含：

□類固醇（Steroid）？

□丙二醇（Propylene Glycol）？

□煤焦油（Coal tar）？

# 皮膚癢、氣喘、掉髮、肝腎炎、癌症……都是這8種恐怖化合物惹的禍！

曾有患者抱怨自己不論用哪一種外敷藥，就是無法將青春痘治好，而且越發越嚴重！這是因為大部份市售藥膏都是「以毒攻毒」，為了安定藥性會加「防腐劑」，以利保存；有的為了親膚性會添加「界面活性劑」等，然而這些東西卻會帶來身體負面的影響，導致真正的病灶沒治好，又引發其它症狀！以下就我的看診經驗，整理出目前國人常見的過敏症與慢性病，可能與市售藥妝品隱含8種毒性化合物的關係！

## 皮膚過敏、濕疹、肝斑、肝炎⬇「界面活性劑SLS」惹的禍！

### 毒物藏在：會起泡的產品、乳化卸妝油等。

在過去看診經驗裡，我發現愛乾淨的女性和家庭主婦，特別容易引發皮膚過敏，例如富貴手、濕疹等等問題，問診分析後發現，原來他們經常使用清潔用品，不論是沐浴乳、洗碗精等，而這類起泡的產品通常會加入「界面活性劑」。

在西醫觀念中「活性劑」可以溶解其他不溶於水的原料，但當它與我們肌膚油脂結合後，容易沖得不夠乾淨，沒把油脂拉下來，反倒殘留在表皮上，長期影響下就會容易產生皮膚過敏，嚴重者會影響肝臟運作導致肝斑、肝炎。

▲會產生泡泡的清潔用品，藏有界面活性劑，越洗越不乾淨！

## 呼吸道過敏、癌症⬇抗菌配方「三氯沙Triclosan」惹的禍！

**毒物藏在：牙膏、漱口水、肥皂、洗面乳等。**

台灣氣候潮濕、空氣污染嚴重，再加上大家經常與化學物質共處，造就國人40％以上都有呼吸道過敏的問題。然而，當你已經調整作息、戴上口罩，仍無法改善過敏症狀，就可能需懷疑是不是平時用的牙膏、漱口水等清潔用品含有「三氯沙」——它有極強的殺菌功效，已被列為殺蟲劑的成份之一，一旦從皮膚或口腔進入，會把「好菌」、「壞菌」都一起殺死，過敏風險就會上升。

## 越擦越癢、癌症⬇止癢、抗屑化學物「煤焦油Coal tar」惹的禍！

**毒物藏在：抗屑洗髮精、止癢軟膏等。**

煤焦油是一種黑色或褐色粘稠液體，用於皮膚雖然可以消炎止癢和減少皮屑，但具有致癌性，屬第一類致癌物質。它會造成毛囊炎、青春痘、黑皮病等皮膚相關病症。

## 頭皮癢痛、掉髮、癌症⬇染色料「對苯二胺PPD」惹的禍！

**毒物藏在：染髮劑、染髮筆等。**

許多人相當在乎自己的白髮，常用市售的化學染髮劑染髮，但臨床上也經常看到病患因為使用染髮劑而造成過敏就醫的情況。事實上，染髮劑中染色料成份為「對苯二胺」就是俗稱的PPD，可以讓色彩更持久，經常被業者加在黑棕色的染髮劑當中。利用它對毛髮中角蛋白的親和力進行氧化過程，來達到染髮顏色固著的目的。雖然不少業者已經使用它數十年，但它卻是對人體健康最具有潛在危害的物質。它有很強的致敏作用，容易引起掉髮、頭皮濕疹，有致癌的危機。

## 這些從皮膚進入的毒，70%會殘留在體內代謝不掉！

這幾年台灣因為食安危機，大家都陷入食品添加物毒害，同時對送入口的食物也諸多提防。反觀日常個人藥妝用品，大家只求價格低廉、外觀包裝精美及要求多效合一等，卻沒有多檢視內容成份。然而，我很擔心這些日常生活用品，例如洗髮精、沐浴乳；還有女生的化妝品、保養品，幾乎都是化學合成的產品，會經由肌膚、氣體入侵到身體，並在人體裡累積，可能造成病變。

從嘴巴吃進去的毒素，大部份在一星期內可以排泄出去；但**經由肌膚吸收進體內的毒素**，**因為會滲透到血管**，**就算經過數天**，**也僅能排出1/3的毒素**，累積在身體的時間越久，更容易引起慢性病、癌症等後果，千萬不能大意。

## 化學彩妝品、藥膏只會讓過敏越來越糟，體內越來越毒！

我看過一篇新聞報導，研究發現**女性每年平均吸收2.3公斤的化學物質**，其中以彩妝品最嚴重！主要是因為職場女性從上妝到卸妝，每天臉上戴妝時間平均長達11個小時。然而，化妝品的化學物質分子都很小，很輕易能進入肌膚，直達真皮層，破壞皮膚裡的蛋白質和膠原蛋白，導致皮膚炎、肝腎代謝的負擔。

從我執業以來，也看過不少患者對市售藥膏、痠痛貼布過敏而來求診，這些患者常常一痛就擦藥、不自覺地使用過量，使得「界面活性劑」、「消炎藥」等成份不間斷的在體內累積，反而引起過敏、甚至呼吸困難、急促等副作用，讓身體越來越糟。如何對生活中無所不在的化合物多一些了解和提防，真的是新世紀國民必做的功課！

# PART 2

25年中醫師臨床經驗，

# 漢方藥妝帖傳承千年古法，

讓你不癢、不老、不會得癌！

# 中醫外治法幫你做過千年人體實驗，證實滿足清潔、保養、調理3大需求！

中醫照顧健康、治療病症的方法分為「外治」、「內服」，一般人想到中醫會直接連想到藥湯、藥粉，這是屬於內服的部分。但在李時珍《本草綱目》中早已有藥草外敷治病的記錄，這是最早中醫外科的基本治療方法，流傳至今已超過千年。

「中醫外治法」顧名思義，就是以「外用」的方式來使用中藥，其中常見的以「外擦」、「外洗」、「外敷」、「薰蒸」、「藥浴」、「漱口」……等方法，亦即不用「入口」就能達到「舒筋止痛」、「協調氣血」、「治癒疾病」的功用。

中醫外治法之所以有功效，主要是運用中藥煮成藥液、或磨粉，將藥性大量釋出，透過藥氣經過皮膚滲透，由淺入深達到皮下組織，進入血液循環系統以達療癒作用，同時還有調整組織系統、器官功能和促進免疫功能等作用。

本書以「中醫外治法」為本，藥妝帖在臨床上主要是對症舒壓解痛、緩解痠痛及預防醫學的概念，最常表現的方式分為4個種類：

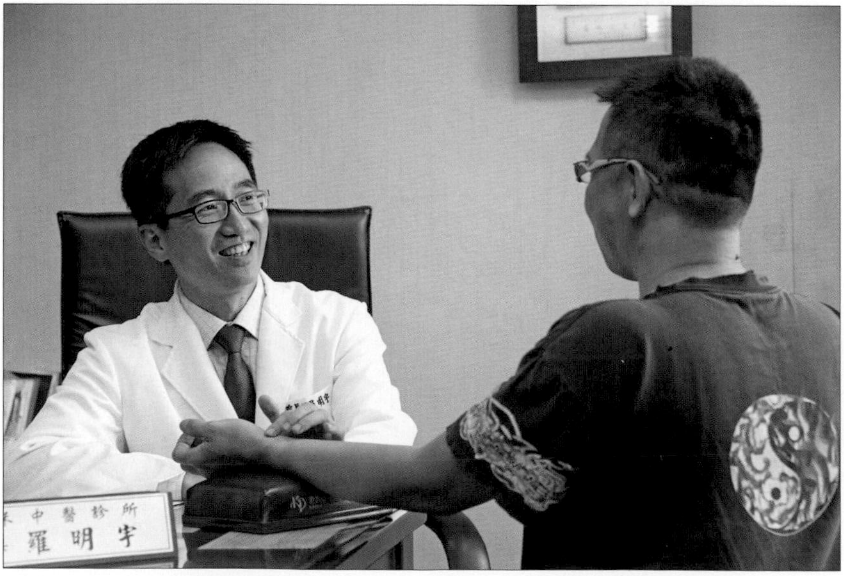

## ❶外擦：

例如：治療青春痘的「七白膏」（第68頁）；療癒富貴手的「紫雲膏」（第84頁）；久躺形成的褥瘡，可用「紫草潤膚膏」外擦治療（第109頁）。

## ❷外洗：

主要是煎煮成藥水後，外洗於患部使用。像針對大面積皮膚癢、生殖器炎症的「苦參薰蒸坐浴液」（第118頁）；或是舒緩靜脈曲張的「當歸薰蒸液」（第130頁）。

## ❸貼敷：

像是常見的跌打損傷、肌肉發炎、筋膜疼痛時，可外敷活血止痛類的中藥貼布，有益於緩解發炎及疼痛。例如：消水腫的「硝黃貼布」（第127頁）、腳底痠痛的「川芎散敷貼」（第140頁）等。

## ❹漱口：

將漢方藥物煮出汁液過濾，每餐後用來漱口，對防治牙周等口齒疾病、除口臭都有良好效果，如「升龍漱口水」（第58頁）、「藿香除口臭液」（第54頁）。

羅醫師小叮嚀！

### 「中醫外治法」主要有3大優點：

**❶容易接受：**

中醫外治法，可避免打針造成的疼痛、吃藥造成的口苦，是一種令人感到舒服而容易接受的治療方式。

**❷藥效較好：**

中醫外治時，藥用滲透原理進入皮膚、皮下組織，直接在局部病位發揮效用，而不需經過身體肝腎血管循環再將藥氣帶到病位，能直接作用，縮短治療時間。

**❸吸收快速：**

中醫外治不需經過消化系統代謝，因此對於腸胃不適、吸收不良而不宜服藥的患者，提供另一種治療方式。

# 親研自製中草藥妝帖的8大優點，我全身用、天天用都安心滿意！

因為我自己平常就使用，而且深受其益，所以我致力研究、推廣漢方藥妝帖，使其更貼近每個人的日常生活——只要掌握簡單的方法，就能非常容易自我運用。在引領大家進入「自製中草藥藥妝帖」的步驟之前，先跟大家說明這樣做的好處、優點，讓您也能天天都安心使用！

## ❶全程天然：全書皆用食材、草本植物、中藥等天然素材，安全無虞到可食用。

我相信「唯有採用天然的素材，才能對身體有幫助。」因為在療癒傷口或護膚保養的過程中，抹敷和透過按摩，可將藥性傳達到肌膚表皮層及真皮層細胞進行修護作用。

因此，我所親研的藥妝帖都以全天然的草本植物、食材、中藥調配，例如：燉補的「當歸」，因為具有止癢、活血的功效，也能放入藥妝帖中舒緩止癢；而「橘子皮」則有清潔護膚的作用，這些都是安全無虞的成份，當然對身體也不會有傷害。再則坊間的市售藥妝品往往為了賣相佳、讓保存期限延長，經常會加入不明的化學成份，容易造成肝腎負擔。也因此，能自己選用來自天然植物的藥妝素材，可說是最安全、也可確實達到清潔、保養、療癒的功效。

## ❷療效確實：傳承千年的漢方藥材，加上天然草本精華，能深入肌膚改善問題。

老祖宗的漢方藥材種類數以千計，每一種特性、效用都不盡相同。一般來說，中醫師會依照個人「體質」、「病徵」等專製調配。若依「體質」分，例如濕熱體質的人，容易油光滿面，我建議使用清潔力較強的「無患子洗面乳」（第165頁）；或以「病徵」分，多數有蕁麻疹的人大多屬於過敏體質，最好使用天然無添加的自製藥妝帖，以免被化學成份侵害更嚴重。而本書所介紹的藥妝帖，都是經過我親自研製測試，並且廣泛使用於患者，證實是使用安全，能讓保養療效一次到位。

## ❸溫和無害：不含香精、防腐劑等化學添加物，遠離過敏、癌症。

自製漢方藥妝帖，是以天然的草本藥材製作，因此最多只能放冷藏保存1～2週，但有些粉類的藥妝品，例如痱子粉、面膜等，我建議一次可以多做些，使用時取適量，再調成糊狀保養即可。

很多人買藥妝品除了功效外，都習慣試聞味道，但其實天然的素材香味都很少，反而香味會誘人的大多是添加**「香精」**。此外，市售藥妝品的有效期限大多超過1年，這是**「防腐劑」**的助力；而產品要成形、質性穩定，不肖業者常濫用**「賦形劑」**、**「乳化劑」**、**「界面活性劑」**等，這些「經皮毒」的化學物質，所產生的殺傷力都不是立即顯現，自然造成我們極易忽視，而產生健康的隱憂。

## ❹取材容易：使用的材料、器具都是生活常見，藥材在中藥行都買得到。

本書所使用的素材，大多是平常在燉補的中藥材，像是川芎、紫草、何首烏等等，在大賣場和中藥行就可以買到。其中需要磨成粉類的藥材，可以請中藥行幫忙代磨，減少製作負擔。此外，家裡的鍋碗瓢盆就是製作的器具，不需要刻意購買昂貴器材，所有的器材資訊會在第3章（第34～37頁）完整介紹。

## ❺製作簡單：STEP BY STEP步驟詳細圖解，每帖4~6步驟就完成。

自製漢方藥妝品很簡單，從準備材料、磨粉、烹煮或油炸到裝瓶的過程中，不需要艱難的技巧，跟著書中STEP BY STEP製作，最多只需要6個步驟，不需等待一天或是多天的熟成時間，成品完成後放涼，就能立即使用。

## ❻成本便宜：每帖的材料費在百元左右，平均1天用不到10元。

本書示範的自製漢方藥妝帖，均是常見、隨手可得的藥材，像是艾草、當歸、白茯苓等，在各大量販店、中草藥材行甚至到中醫診所都能購買，每帖複方藥材的成本約百元左右（第204頁），約可使用一星期，平均下來1天不到10元。

## ❼功能多元：針對療效功能、日常肌膚保養設計多款配方，任君挑選。

為因應個人不同的膚質和病症，我設計多達48款漢方藥妝、美妝帖，像是醫院很難治癒的「足底筋膜炎」，可使用「川芎散敷貼」（第140頁）；以及困擾很多人的香港腳，建議使用「中藥外用粉」（第124頁）；或是難以啟齒的男女生殖器炎的問題，可用「苦參薰蒸坐浴液」（第118頁）；愛美男女可用「黃耆去角質面膜」（第184頁）等。

## ❽因應膚質：為不同膚質、膚況客製化設計，如控油配方、保濕功能等多款配方。

在自製漢方美妝品單元（第147~197頁）我特別針對油性、乾性和中性膚質，設計臉部、頭皮、身體的清潔與保養配方；用天然中藥材製作外用藥，你會發現以前肌膚過敏的狀況不見了，經常出油或是乾燥的問題也改善許多。更重要的是，自己製作可以免於化學添加物的侵害，更加安全純淨。

# PART 3

開始自製天然漢方帖之前，

# 你不能不知道的3件事！

## 讓你買得放心，用得安心！

必知

必知1

# 跟著我挑選DIY漢方藥材，4大原則安心買！

本書所示範的漢方藥妝帖，都是大家常用，而且用價格平實的素材所調配出來的。但在我推廣的同時，難免還是有人對中藥安全仍有疑慮，所以我整理出來4大「中藥安心購買原則」，提供大家參考。

## 1 慎選合格中草藥行

**到領有衛福部核准的合格中藥商執照店家購買中藥。**

學會辨識中草藥是很重要的事，但卻是很進階的過程，一般人還是盡量到領有衛福部核准的合法中藥店購買。據我知道現在有幾家大型的中藥廠，直接在藥材產地進行嚴格把關，從植育、施肥灌溉、採收、炮製、到運輸和儲存都採用高規格標準，確保藥材的品種，進行重金屬檢測、農藥殘留檢測、微生物檢測、黃麴毒素檢測等各項檢測，為了就是**避免不當加工、漂白及避免不當添加重量等……**。

傳統中藥材飲片（炮製後的中藥材），其包裝上應標示「品名、重量、製造日期、有效期限、廠商名稱及地址」等事項，只要是使用中藥飲片藥材的診所或中藥房，可以先觀察購買流量（客人多、購買多則藥材新鮮），再問使用藥材廠商，符合檢驗標準的廠商，都能安心使用！

羅醫師小叮嚀！

**買中藥秤量換算**

中藥行最常以「錢、兩」計算，而一般家裡的秤量都用「公克、公斤」，經常會造成混淆，甚至不知道如何購買。可參考以下換算方式，方便大家使用。

**1兩≒10錢≒37.5公克**
**100公克≒2.6464兩≒26.66錢**

## ❷辨明中草藥材真假➡實用3要訣「看、聞、問」。

中醫藥材博大精深，要能辨別確實需要花費功夫，尤其藥材經過商家處理後更難辨識。但仍可透過以下實用3要訣，簡單辨識中草藥材的品種、品質和新鮮度：

▲購買中藥材時，要眼觀、鼻聞、手摸、嘴問，才能避免買到劣質藥材。

### 1 眼看：觀察藥材的表面、顏色、斷面

一看：**表皮特徵**，藥材如果外表過於光滑，必須懷疑細問是否有特別處理。

二看：**藥材顏色**，不合適的炮製加工、微生物汙染和發霉變質，會直接影響藥材的色澤。

三看：**藥材斷面**，當藥材被切開，不同種類的藥材，內部構造也不同，必須仔細觀察，才不會被魚目混珠。藥材一旦吸收空氣中水份後容易受潮變色，在店內和在買回家後，都應避免儲藏過久造成變質。

### 2 鼻聞：深吸藥材的氣味

中藥材多含有揮發性植物如「酚醛」活性成份，所以用嗅覺鑑定藥材品質是必須的，尤其對於濃郁氣味的藥材是很有效的，如薄荷的香，魚腥草的腥，無患子的清香味等。如此約略可以判斷是否有藥材原本應有的氣味，或發霉、變質、腐敗、受潮的可能性。

### 3 嘴問：詢問藥材產地及運送方式

據統計，**台灣中藥材進口超過八成以上都是來自於中國大陸**，因此藥材在栽種過程和運送品質較難以掌控。甚或有些藥材經過長途運送可能會產生霉菌、變質，不僅會大大削弱藥效，如果使用在肌膚上恐怕也會影響身體。所以，我建議在購買漢方藥材時，可以多詢問店家、或藥劑師，以確保安全無虞。

## ❸觀察藥材是否變質⬇

### 觀形狀，是否有蟲蛀孔洞；聞氣味、望色澤，看是否受潮發霉、變色變味、走油等。

通常我們到中藥行抓藥時，除了辨識藥材真假之外，還要觀察藥材有沒有變質，萬一使用到受潮、過期變質的中藥，可能會造成中毒、皮膚過敏等後遺症。中藥材在家存放要使用之前，也可以利用3大方法觀察它是否變質、蟲蛀、受潮等問題，以免影響自製藥妝帖的效果。

#### 1 看藥材顏色是否變黃、變綠、蟲蛀！

購買中藥時需要求店家提供檢查，首先應觀察藥材的顏色，如果發現有發黃、變綠，或是有小黑點，就要特別小心有沒有發霉。像是常見的「大黃」一旦受潮顏色會變深；又如「紅花」內含天然紅色素故顏色鮮紅，萬一有褪色就是變質。另外，有些藥材營養價值高，容易有「蟲蟲危機」，例如黃耆、當歸等，蟲蛀會使藥材出現空洞、破碎，要特別小心。

#### 2 手摸有濕氣、感覺油油都有問題！

一般民眾買到的中藥材都處理得十分乾燥，如果摸到水份和濕氣，就得小心是否受潮。此外，有些藥材含油質多，例如當歸、川芎，如果保存不當，摸起來會感到軟黏、油油的（走油），最好不要使用。

#### 3 聞氣味，沒有香氣、有油耗味都不行！

先前提到中草藥都有獨特的香味，尤其像白芷、含有易揮發的成份，如果這些香氣消失，也表示有效成份散失。此外，含油質量多的藥材如果保存溫度過高，使內含的油脂變質、溢於表面（走油），會聞到濃烈的油耗味，必須多加注意。

## ❹少用科學中藥代製

### 效果較慢、建議用於製作日常保養美妝品。

製作漢方藥妝帖時，我建議買完整的藥材自己磨粉，或是請中藥店代磨，一來方便儲存、可延長保存期限，二來藥性不會被削弱，療效較好。

目前坊間常用的「科學中藥」是以中藥煎煮後，加入澱粉製作成粉劑，效果會較慢，價格也會比較便宜，因此我建議如果只是製作日常每天使用的美妝品（第147～197頁），也可以用科學中藥製作；若是對症療效用途，還是要直接用天然藥材效用會比較好。

▲市售的科學中藥有效成份較低，可使用於製作美妝帖，效用較輕緩。

**羅醫師小叮嚀！**

### 如何避免中藥重金屬疑慮？

中藥養身治病的副作用低、性溫和，能夠長期服用。但近年來食物安全意識抬頭，大家也開始關心中藥含重金屬的問題。我們可以從兩方面注意，讓重金屬的問題降到最低：

❶**選購要點：**國內早在20年前就規定中藥必須每年定期抽驗重金屬等異常物質的檢測，符合限量標準者才得以販售、配藥。因此，我建議大家一定要去合格、持有證照的中藥行購買，中藥還需標明產品名、重量單位、製造日期、有效期限、廠商及地址等，才能安心使用。

❷**煎煮要點：**事實上，中草藥在種植、收成、儲藏、運輸的過程中，也有可能受到重金屬污染。這些雜質通常會附著在葉片上。因此，最好是使用前仔細清洗；煎煮時，不要擠壓葉片；煎煮後，確實濾掉藥材，只取藥液使用，以免摻雜的雜質尤其是鉛、鎘、汞、砷等重金屬，再次流到藥液裡。

必知2

# 常備20種中草藥當配方，便宜有效超實用！

家裡常備一些中藥材，可以隨時製作天然好用的漢方藥妝帖外，也能入菜煮湯保健康，一舉多得。以下將介紹書中經常出現的20種中草藥相關的特色，和其對應改善的症狀，以及藥材參考市價，方便您採買和使用。

・600克＝16兩
・37.5克＝1兩

| 名稱 | 圖片 | 藥妝功效 | 適用病症 本書頁碼 | 保存方法 | 參考市價（以600克計） |
|---|---|---|---|---|---|
| ❶ 當歸 |  | ・補血活血祛瘀<br>・促進血液循環<br>・抗皺、活膚潤澤 | ・肌膚乾癢 102<br>・靜脈曲張 130<br>・腳乾裂 133<br>・收斂毛孔 180 | 以密封罐密封後，放置於冰箱保存。 | 680元 |
| ❷ 何首烏 |  | ・延緩衰老<br>・髮色變黑<br>・促進毛髮生長 | ・白髮 50<br>・乾性髮質洗髮 151<br>・染燙受損髮 151 | 以密封罐密封後，放置陰涼乾燥處保存。 | 280元 |

| 編號 | 名稱 | 圖片 | 功效 | 適用 | 保存 | 價格 |
| --- | --- | --- | --- | --- | --- | --- |
| 3 | 無患子 |  | ・平衡油脂<br>・天然起泡劑<br>・舒緩皮膚炎 | ・頭皮易出油 43<br>・粉刺、痘痘肌 165 | 以密封罐密封後，放置陰涼乾燥處保存。 | 280元 |
| 4 | 紫草 |  | ・加速創傷癒合<br>・肌膚修護再生<br>・凝血作用 | ・富貴手 84<br>・蚊子叮癢 106<br>・褥瘡、皮膚膿液 109 | 用夾鏈袋密封，放置陰涼乾燥處保存。 | 280元 |
| 5 | 紅花 |  | ・通暢血脈<br>・消腫止痛<br>・清熱解毒 | ・身體痠痛 99 | 用夾鏈袋密封，放置陰涼乾燥處保存。 | 520元 |
| 6 | 艾葉 |  | ・抑菌作用<br>・解決掉髮<br>・活血順氣散寒 | ・四肢冰冷 96<br>・異常掉髮 46 | 用夾鏈袋密封，放置陰涼乾燥處保存。 | 160元 |
| 7 | 馬齒莧 |  | ・解毒抗發炎<br>・鎮靜舒緩<br>・消腫止癢 | ・化妝品性皮膚炎 78 | 用夾鏈袋密封，放置陰涼乾燥處保存。 | 140元 |
| 8 | 黃柏 |  | ・清熱燥濕<br>・瀉火解毒<br>・治皮膚炎 | ・日光性皮膚炎 93<br>・痛風 144 | 以密封罐密封後，放置陰涼乾燥處保存。 | 220元 |

| | | | | | |
|---|---|---|---|---|---|
| 9 丁香 |  | ・散寒止痛<br>・抑制病菌<br>・舒緩牙痛 | ・蛀牙、牙痛 (61) | 以密封罐密封後，放置陰涼乾燥處保存。 | 520元 |
| 10 川芎 |  | ・疏經散結<br>・活血行氣<br>・促進循環 | ・足底痠痛 (140)<br>・足底筋膜炎 (140) | 以密封罐密封後，放置於冰箱保存，較能保存其所含的揮發性油質。 | 180元 |
| 11 藿香 |  | ・改善口氣<br>・抑菌作用 | ・口臭 (54) | 用夾鏈袋密封，放置陰涼乾燥處保存。 | 150元 |
| 12 白芷 |  | ・血液循環<br>・潤澤肌膚<br>・延緩衰老 | ・雀斑 (71)<br>・黑眼圈 (191) | 以密封罐密封後，放置陰涼乾燥處保存。 | 190元 |
| 13 苦參 |  | ・殺菌止癢<br>・清熱燥濕<br>・消腫解毒 | ・頭皮屑 (40)<br>・生殖器發炎 (118) | 以密封罐密封後，放置陰涼乾燥處保存。 | 180元 |
| 14 甘草 |  | ・收濕止癢<br>・抑菌祛臭<br>・清熱解毒 | ・脫屑乾癢 (102)<br>・皰疹發癢 (112)<br>・異位性皮膚炎 (87)<br>・汗腺炎 (121) | 以密封罐密封後，放置陰涼乾燥處保存。 | 280元 |

| | | | | | |
|---|---|---|---|---|---|
| 15 芒硝 |  | ・消炎去腫<br>・瀉熱軟堅<br>・促進氣血循環 | ・腿部水腫 127 | 以密封罐密封後，放置陰涼乾燥處保存。 | 70元 |
| 16 薰衣草 |  | ・鎮靜肌膚<br>・平衡油脂 | ・毛孔粗大 180 | 以密封罐密封後，放置陰涼乾燥處保存。 | 850元 |
| 17 薄荷 |  | ・殺菌消炎<br>・消炎鎮痛<br>・清涼舒緩 | ・油性肌膚清潔 154 | 用夾鏈袋密封，放置陰涼乾燥處保存。 | 180元 |
| 18 天門冬 |  | ・減少色素沉澱<br>・抑菌作用<br>・駐顏增白潤膚 | ・乾性肌膚清潔 158<br>・預防皺紋 74 | 以不透光罐子密封，建議放於冰箱內保存。 | 340元 |
| 19 茯苓 |  | ・美白祛斑<br>・消除皺紋<br>・滋潤保濕 | ・青春痘 68<br>・除斑 71<br>・美白眼周肌膚 191 | 以密封罐密封後，放在陰涼乾燥處，避免被風乾失去黏性或發生裂痕。 | 180元 |
| 20 洋甘菊 |  | ・抗炎修復<br>・滋潤美白<br>・緩解搔癢 | ・潤膚美白 194 | 以密封罐密封後，放置陰涼乾燥處保存。 | 800元 |

必知3

# 正確又快速自製漢方藥妝品，基礎配備不可少！

在我們開始動手製作漢方藥妝帖時，有些必備工具在家裡廚房就可以找得到。

如果需要自己研磨藥粉，建議用心準備工具，就能讓你事半功倍，輕鬆又安全地製作出天然藥妝品。現在，就請先確認以下這16項ＤＩＹ工具，你都準備好了嗎？

## 01

### 電子磅秤

請挑選最小測量單位為1公克的小型電子秤，精準測量藥妝帖各配方的份量，如果稍有落差，就有可能會影響成品藥效。

## 02

### 廚刀・砧板

藥妝帖裡，如果有食材，例如、蘆薈、蘋果等，清洗後須先去皮、去籽，並用刀切成碎末方便使用。

## 03

### 研磨缽・研磨棒或電動粉碎機

使用研磨缽和研磨棒，將藥材磨成粉末狀。或可用電動粉碎機將藥材打成粉末狀。也能請中藥行代磨成粉使用。

## 04

### 不鏽鋼鍋

用來煎煮藥材和油炸藥材，我建議選用不鏽鋼鍋，且寬度寬、高度要深，讓藥材有空間熬煮。若使用一般鐵、鋁鍋，因材質優劣不等，恐會釋出重金屬污染藥液。

## 05

### 食品用溫度計

在煎煮、油炸藥材過程時，必須隨時注意溫度，因此需要選擇200度以上的鋼製溫度計，使用完畢請務必擦拭乾淨。

## 06

### 網狀過濾勺

選擇密網的過濾勺，以方便撈起煎煮的藥材。建議選擇直徑9~10公分左右的濾勺，較好操作又過濾紙撈得乾淨。

## 07

### 6號過濾袋

過濾袋依尺寸分為1~10號。6號過濾袋大小適中，拿來過濾藥渣最佳。在中藥房、醫療器材行，或是部份包裝材料行都能買到。

## 08

### 攪拌棒

在攪拌混合藥液或濃稠物質時，建議使用細長的攪拌棒，既方便又快速。

## 09

### 湯匙

利用湯匙來挖取粉狀或顆粒物，不同大小各有固定容量。

## 10

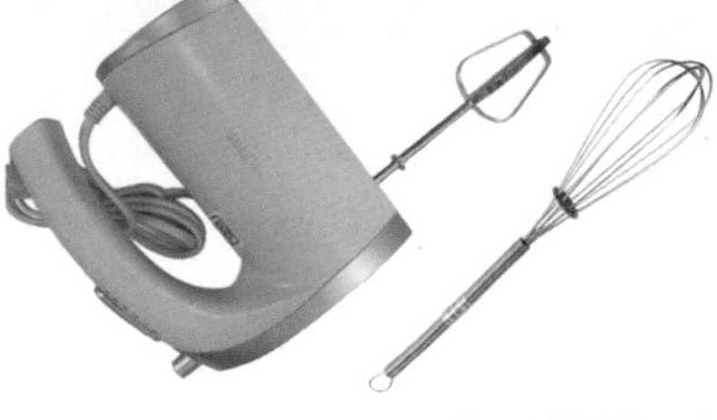

### 打蛋器・電動攪拌機

如果製作成品的量多、或是在混合「乳化劑」時，可使用打蛋器或電動攪拌機，較省力、均勻。特別注意的是，攪拌時要小心熱氣或是噴濺的熱液燙傷。

## 11

### 挖棒・挖勺

扁平的棒狀物，可用以代替手指，取出膏狀的物質。或調勻少量粉末與液體物質。

## 12

### 小碟子

家裡都有的小碟子，可方便盛裝蘆薈、油類等小克數的素材，方便後續製作使用。

## 13

### 玻璃燒杯・量杯

需準備1000C.C.、500C.C.、200C.C.的玻璃燒杯，一側有一個槽口，便於傾倒液體，外壁表有刻度。量杯則多為塑膠製，方便藥液放涼後倒入容器。

## 14

### 瓶罐容器

可至容器專賣店購買各種不同功能的瓶罐：如壓嘴式、噴霧式或面膜盒等等用來裝自製藥妝品。盛裝前先清洗消毒；藥液放涼後再倒入瓶罐中。

## 15

### 紗布

指一般用於醫療、包紮用的消毒紗布。尺寸很多，一般使用為4×4或3×3英吋，可作穩固塊狀藥膏之用。

## 16

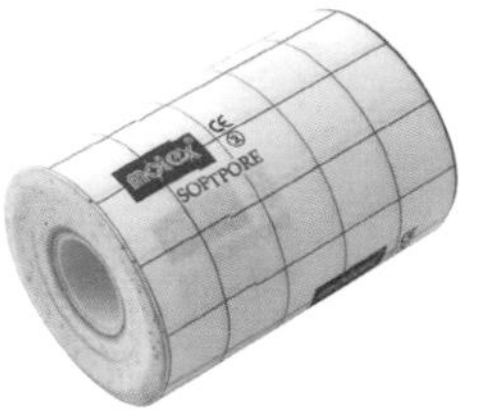


### 貼布

具有黏性的布織布材質，用來將塗有自製藥膏之紗布固定於身體部位。

羅醫師小叮嚀！

### 漢方藥妝帖DIY注意事項

❶在製作漢方藥妝品時，要消毒手部、手指及工具容器，和環境的清潔，使用75%濃度的酒精噴霧擦拭消毒。

❷盡量避免直接用手或是棉花擦拭瓶口邊緣。

❸植物性藥材：花、籽、全草類等，使用之前要先用清水洗乾淨。

❹製作完畢的藥液放涼，再裝瓶、冷藏，避免變質；裝瓶後需蓋緊瓶口、密封。

❺完成的產品必須盡快在保存期限內，將它使用完畢。

❻漢方藥妝品盡量放置在陰涼、乾燥處或密封、冷藏，避免高溫曝曬的地方。

# PART 4

自己做！居家常備藥妝品！

## 從頭到腳 對症療癒33帖

止癢、消炎、止痛都有效！

頭皮頭髮

# 頭皮屑多

藥妝帖01

# 苦參去屑液

適用症狀
頭屑變多
頭油．頭皮癢

在看診的過程中，我發現許多深受頭皮屑困擾的患者，都是**沒有正確的清理頭皮**，**或因為用含有害化學成份的洗護髮品**，造成頭皮屑不減反增，長期頭皮癢、紅腫，嚴重的掉髮、抓傷，甚至影響睡眠。

當頭皮生態平衡遭到破壞，使表皮代謝速度過快，便會形成片狀或顆粒狀的頭皮屑。內分泌失調、常熬夜、壓力大、愛吃辛燥食物，或受到細菌或黴菌感染，也會讓你頭皮屑狂發！

## 要全面調理頭皮，苦參殺菌、止癢、去屑

頭皮屑、頭油、頭癢都要進行頭皮全面調理，不能只治單一症狀。自製中草藥洗髮水可添加抑菌、保濕、脂質平衡、促進代謝的成份，能調理頭皮平衡。特別像「苦參」清熱燥濕、消腫解毒，內服外用皆可；尤其對細菌、真菌引起的頭皮問題療效顯著。

# 苦參去屑液 STEP BY STEP 這樣做！

## 工具

- 不鏽鋼鍋……1個
- 網狀過濾勺……1個
- 6號過濾袋……1個
- 密封玻璃罐……1個

## 材料

❶ 苦參……20克
❷ 黃柏……20克
❸ 桑白皮……20克
❹ 皂莢……20克
❺ 純水……1000毫升

## 作法

### 1 置入藥材

將苦參、黃柏、桑白皮、皂莢放入鍋中。

### 2 加水浸泡

於鍋中加入1000毫升的純水，浸泡約半小時。

### 3 中火煎煮

以中火熬煮半小時。

### 4 濾出汁液

將過濾袋放入過濾勺中，把藥材撈起，過濾出汁液。

### 5 放涼裝瓶

待冷卻後，將濾出的汁液裝入玻璃罐中即完成。

羅醫師小叮嚀！

頭皮屑嚴重，或伴隨頭皮癢、紅腫問題，可用此藥方帖再加「桑葉、側柏葉」各30克以水煎，每日洗頭，可清熱疏風、止癢祛屑。正確的清潔頭皮外，並要調整飲食清淡、作息正常。

**【使用說明】** 每次倒出1個手掌心大的量，塗抹於頭皮上，靜置30分鐘，再用清水洗淨。每天使用1次。

**【保存方式】** 將苦參去屑液倒入玻璃罐中，密封冷藏。

**【保存期限】** 7日。

# 用漢方外治洗頭1個月，取代大品牌去屑洗髮精。

**患者主訴**

30幾歲的王小姐前來看診，說近8個月來由於換新的餐廳工作，工作壓力大，又常晚下班，晚上常1、2點才能入眠。她發現頭皮屑好多，佈滿頭頂、兩鬢角上方和耳後，同事常在她肩上拂去片片雪花，非常尷尬！而且每2天洗一次頭髮也無濟於事，頭皮常發癢甚而搔抓；髮質也越來越乾燥無光澤，且易斷、易掉髮。她曾服用維生素C、維生素B群一個多月，效果並不明顯。

**診療建議**

我初步診斷王小姐為「乾性脂漏性皮膚炎」。她希望藉由調免疫力來改善頭皮屑，試過內服中藥方劑「消風散」一個多月，但未見改善。我靈機一動，建議她直接使用漢方外治法「苦參去屑液」來洗頭，即每晚洗澡前使用1次，倒出藥液約1個手掌心大的量，塗抹在頭皮上，**用毛巾或髮梳將溫涼的藥液充份浸潤接觸頭皮和髮根**，靜置30分鐘後，再用清水沖乾淨。

用這帖「苦參去屑液」取代她過去常用的2、3種大品牌去屑洗髮精，使用一個多月、共14、15劑後，頭皮屑搔癢就明顯改善了！因為中醫認為「乾性脂漏性皮膚炎」是由肌熱當風，風邪侵入毛孔，鬱而化燥所成；**根據中醫「辨證施治」來祛風清熱、去脂利濕、養血止屑止癢**。這就是現代醫學指的「皮屑牙孢菌」的癬類菌，存在油脂分泌旺盛的皮膚上，有些人會對它產生敏感反應，形成「脂漏性皮膚炎」。而此症和緊張、焦慮的情緒有很直接的關係，所以調適生活壓力也有助頭皮健康。

頭皮頭髮

# 油性頭皮癢

## 藥妝帖02 虎杖止癢液

適用症狀
頭皮出油
頭皮癢

到了夏季，頭皮油脂分泌旺盛，若沒有清掉頭皮上的污垢和過多的油脂，很容易會毛囊堵塞、頭皮發炎，嚴重會掉髮、局部禿頭。曾有位患者的頭上散發出陣陣油臭味，目測就能發現他的髮根都被油脂包覆，頭髮都黏在頭皮上，頭皮發炎相當嚴重。而有些油性頭皮患者是**天天洗頭，但仍無法改善**。

通常油性頭皮的人1~2日就要洗頭一次，但若每日使用含化學成份的洗髮精，破壞皮脂平衡，反而更刺激頭皮。建議使用天然的中藥藥液，溫和清潔和止癢，能調整頭皮狀態，並增進頭皮健康。

### 虎杖可抑制皮脂腺分泌，有效止癢

藉由「虎杖」的祛風、利濕性能，可達抑制細菌繁殖、止癢；另對於外傷感染和皮膚膿皰也有治療效果。搭配「蛇床子」溫和不刺激，**敏感性頭皮也適用**。

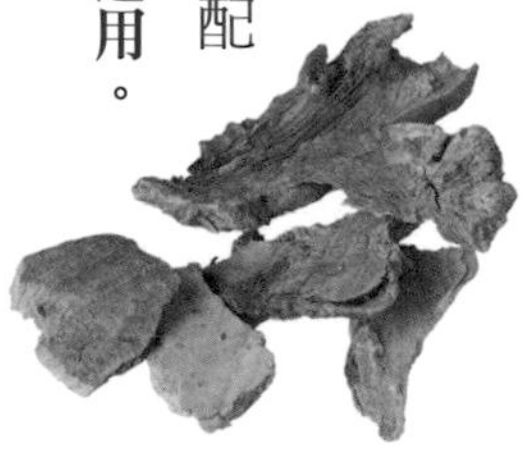

# 虎杖止癢液 STEP BY STEP 這樣做！

## 工具

- 不鏽鋼鍋……1個
- 大燒杯……1個
- 網狀過濾勺……1個
- 6號過濾袋……1個
- 玻璃瓶……1個

## 材料

❶ 蛇床子……20克
❷ 虎杖……20克
❸ 白蘚皮……20克
❹ 冰片……4克
❺ 純水……1000毫升

## 作法

### 1 置入藥材

將蛇床子、虎杖、白蘚皮、冰片放入鍋中。

### 2 加水浸泡

於鍋中放入1000毫升的純水，浸泡半小時。

### 3 中火煎煮

以中火熬煮半小時。

### 4 濾出汁液

將過濾袋放入過濾勺中，將藥材撈起，過濾出汁液。

### 5 放涼裝瓶

待稍冷卻後，將汁液裝入玻璃瓶中即完成。

羅醫師小叮嚀！

使用中藥藥液可舒緩油性頭皮癢的現象。洗頭時要注意水溫，避免用過燙的水刺激皮脂腺，反而容易導致油脂過度分泌。特別注意：若頭皮已抓到有傷口、出血，有感染風險，應先就醫。

**【使用說明】**每天使用1次。每次倒出1個手掌心大的量，塗抹在頭皮上，靜置30分鐘後，用清水沖乾淨。另也可用小毛巾浸洗，揉搓頭皮和臉部。

**【保存方式】**將止癢液倒入玻璃瓶中，密封冷藏。 **【保存期限】**7日。

# 嗜辣男子頭、臉、背都冒油，病位其實在肺胃脾腸。

**患者主訴**

新北市的陳先生體重80公斤，平日菸酒不離手，去年三月發現頭髮經常黏黏濕濕，頭皮出油多且搔癢，連臉上鼻唇溝、耳後、雙眉、胸、背部都時起紅斑發癢。近日又因應酬常吃火鍋，喝啤酒後症狀加劇；伴隨心煩口乾，大便硬難解，小便深黃。起初以為是工作忙不常洗澡的緣故，後來連脖子、後背也冒油又奇癢無比，顏色發紅，一把抓下去就脫皮。他去醫院檢查說是「脂漏性皮膚炎」，醫院開了一堆藥膏和洗髮藥水，**使用一週後確實不那麼癢了；但停用3天後又發作，還比以前更嚴重**，額頭和耳朵後還結小丘疹。尤其是鼻尖、鼻翼油光發亮，嚴重時洗臉後1～2小時就有皮脂漏出、額頭及鼻子周圍的毛囊發炎，紅疹處可擠壓出黃白色油性分泌物。

**診療建議**

「脂漏性皮膚炎」是發生於皮脂漏出部位的炎症性皮膚病，常發生在成年男子，尤其是肥胖的中年人。中醫辨證：濕熱內蘊，兼感毒邪。我開給陳先生**外用「虎杖止癢液」清熱解毒，殺菌止癢，持續用14天**，他頭皮和臉部抓癢、紅斑紅疹即明顯改善。

中醫稱此症「面遊風」，古籍《醫宗金鑒．面遊風》云：「面游風燥熱濕成」。我認為陳先生的**病位在肺、胃、脾、大腸**；因為他喜吃辛辣刺激、大魚大肉，導致脾胃運化功能失常，陽明經濕熱瘀滯，再加上外感風邪所致。本病並非單純體表之症，實與內臟氣血陰陽失衡有關。

頭皮頭髮

# 異常掉髮

↓

藥妝帖03

## 艾葉洗頭粉

一般人每日會有50～100根頭髮自然脫落。到了中老年，毛囊數目逐漸減少，頭髮自然變得越來越稀疏。但是年輕人遇壓力過大、清潔不當、過度吹整染燙頭髮、遺傳等因素，也會大量或局部掉髮（圓形禿，或俗稱「鬼剃頭」）；或因疾病如貧血、甲狀腺機能異常、結核病、紅斑性狼瘡等，也可能造成異常掉髮。

中醫認為「血盛則髮潤、血衰則髮衰」，所以掉髮主因是「氣血兩虛」、「肝鬱化火」。我建議**經常性掉髮可用補血、補腎的中藥材調養**，搭配中藥天然洗頭粉來改善。

### 艾葉促進頭皮血液循環，改善掉髮

「艾葉」性溫，可理氣血、逐寒濕，兼具止癢和抗菌的效用。用艾葉塗抹於頭皮上，可促進頭皮血液循環，減緩頭皮紅腫、發炎，防止異常掉髮。

適用症狀
大量掉髮
局部掉髮

# 艾葉洗頭粉 STEP BY STEP 這樣做！

## 工具

- 研磨缽、研磨棒……1組
- 網狀過濾勺……1個
- 攪拌棒……1支
- 密封塑膠或玻璃罐 1個

## 材料

❶ 艾葉……10克
❷ 藿香……10克
❸ 大黃……10克
❹ 苦參……10克
❺ 無患子粉……30克
❻ 純水……100毫升

## 作法

### 1 置入藥材

將艾葉、藿香、大黃、苦參放入缽中。

### 2 研磨成粉

研磨或用電動粉碎機磨成粉，加無患子粉拌勻。

### 3 細篩過濾

用網狀過濾勺濾出細粉。

### 4 加入純水

於缽中加水100毫升。

### 5 攪拌均勻

用攪拌棒均勻地拌成糊狀即可用。剩餘粉末可用密封罐保存。

羅醫師小叮嚀！

洗髮時切勿用指甲抓頭皮，容易使毛囊發炎，甚至破皮，會有感染風險。宜用指腹在頭皮上輕輕揉按，再將油污推走洗淨。

**【使用說明】** 每次先用清水沖濕頭髮和頭皮，再將調成糊的「艾葉洗頭粉」均勻抹在頭皮，10～15分鐘後沖掉。也可先用一般洗髮精洗頭，再用此配方按揉頭皮清洗。

**【保存方式】** 藥粉用塑膠或玻璃罐密封保存，於乾燥陰涼處常溫放置。

**【保存期限】** 7日。

# 壓力大、熟男2人有1人易禿頭，病情和心情要一起治療。

**患者主訴** 有位好友廖先生來家裡作客，自訴既有「圓形禿」家族史，平日又喜食油膩、辛辣加工食品，又近日夫妻常爭吵，心情煩躁，近半年來自覺梳頭和洗髮時有大量的頭髮脫落，亦覺頭頂和枕部頭皮紅疹搔癢、皮屑增多，右側頭部及後頭部**有數處數公分大小不規則的掉髮，頭皮光澤，無觸痛**。

他曾經多次藉由外用和口服藥物治療，收效甚微；並表示容易頭昏目眩，失眠多夢，神疲。我檢查他舌紅苔少，脈細數。

**診療建議** 緊張的現代生活裡，異常掉髮的人越來越多。輕者頭髮掉落，髮質變差；重者大面積掉髮，毛囊寸髮不生，影響整體形象及自信又顯老態，真令人沮喪氣餒！那要如何預防掉髮，甚至有一叢烏黑亮麗的秀髮？傳統醫學是怎樣來調理「頭頂大事」的呢？

掉髮有「生理性掉髮」與「病理性掉髮」兩大類。生理性掉髮是機體新陳代謝所致，又稱「自然掉髮」；粗估一般正常的掉髮，應在**每日50～100根內，這正常的髮質代謝**，不需要任何治療。但當每日超過100根以上，尤其枕頭上每晚超過30根，應小心可能是病理性掉髮。

病態早禿患者的毛髮，因「生長期」明顯縮短，而「休止期」明顯延長，毛囊變得容易萎縮，變細、變柔軟，最後形成臨床上所見的掉髮。因「病理性掉髮」的原因不十分清楚，它與很多內外在要素相關，大體有基因遺傳、免疫力失調、精神壓力、營養失衡及內分泌等因素。

我診斷廖先生為：脂漏性掉髮。叮囑他忌服油膩、辛辣食物，建議以**「艾葉洗頭粉」加溫涼水外洗，每日1次**。一個療程約15日後，電話聯絡他說頭皮搔癢、脫屑症狀消失了，尤其掉髮明顯減少；又連洗兩療程30日後，掉髮症狀基本上已經消失，甚至右側頭部及後頭部**出現新生黑色細毛，質較柔軟**。

脂漏性掉髮在中醫學稱為「油風掉髮」，民間俗稱「**鬼剃頭**」。本病往往與精神緊張、外界刺激、創傷等因素有關。起病突然，患部頭髮迅速成片脫落，呈圓形或不規則形禿頭，頭皮平滑光澤。此因多係腎陰不足，不能上濟心陰，血虛不能榮養肌膚，腠理不固，風邪入侵，風盛血燥，髮失所養而脫落。

以現代醫學來看，認為掉髮與性激素平衡失調、皮脂腺分泌過多有關；故男性以50歲為界，**近五成男人在50歲後都會發生「雄激素性掉髮」**（**雄性禿**）。同時，據調查顯示，**10位掉髮患者有7～8位有憂鬱問題**，而憂鬱症狀反過來會加重掉髮，產生惡性循環。

腎其榮在髮，髮為血之餘。故中醫治療掉髮，採用益氣養血、祛風生髮；強調身心放鬆、作息調整，其效更佳。

頭皮頭髮

# 白髮染黑

藥妝帖04

# 旱蓮草染髮膏

適用髮質
所有髮質

30歲少年白、40歲過勞白、60歲銀髮白，我們的頭髮只要毛囊老化，停止製造黑色素，髮色就會變白。不少人會用染髮劑來染黑、染紅等，但市售染劑是化工製成，容易過敏、頭皮癢、頭皮屑增多。尤其**業界已使用數十年的成份PPD（對苯二胺），更是人體的主要過敏源和致癌物。**

曾有位25歲少年白的小姐來就診，這多因過度思慮、髮失所養造成。我開給補血、養髮藥方，以及平日服用固腎飲品，3個月後就明顯改善。如想要馬上擁有烏黑秀髮，可用「旱蓮草」、「側柏葉」等天然藥材製成的染髮膏，既有效又不傷頭皮。

## 旱蓮草讓白髮變烏黑、變濃密

「旱蓮草」又稱「墨旱蓮」，因搓揉它的莖葉會有黑色汁液流出。在古方中，多用它來**補益肝腎、烏鬚黑髮**，還可使稀疏的毛髮變得濃密。

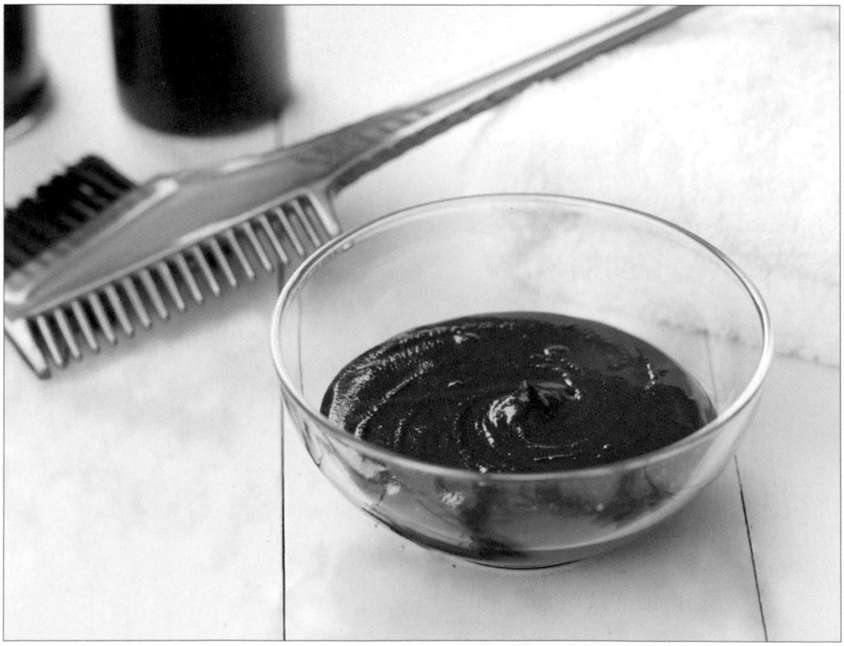

# 旱蓮草染髮膏 STEP BY STEP 這樣做！

## 工具

- 研磨缽、研磨棒……1個
- 攪拌棒……1支
- 大塑膠挖勺……1支
- 染髮用容器……1個
- 密封塑膠罐……1個

## 材料

❶ 旱蓮草……30克
❷ 側柏葉……30克
❸ 透骨草……15克
❹ 當歸……15克
❺ 石膏……15克
❻ 滑石……15克
❼ 白芨……15克
❽ 糯米醋……220毫升

## 作法

### 1 置入藥材

將材料❶～❼放入研磨缽中。

### 2 研磨成粉

研磨或用電動粉碎機，將藥材磨成粉。

### 3 加糯米醋

於粉末中加入糯米醋。

### 4 攪拌成膏

用攪拌棒或塑膠挖勺將缽中材料攪拌至膏狀。

### 5 盛裝即用

將染髮膏裝入染髮用容器中，即可馬上使用。

### 6 剩餘密封冷藏

將未用完的染髮膏放入密封塑膠罐中保存。

羅醫師小叮嚀！

中藥染髮是用天然植物成份，著色效果雖不如化學藥劑持久，但染髮可同時保護頭髮與頭皮。依個人先天的髮質和洗髮習慣不同，顏色維持時間為1～2週。建議一次製作較多的量，可經常使用。

**【使用說明】**❶先在髮際、耳後塗乳液，隔絕染膏與皮膚。❷染髮前可先護髮，染髮時染膏要與髮根保持距離。❸將染膏均勻抹在頭髮上，再用浴帽包頭，半小時後洗淨即可。❹頭皮若有傷口，切忌染髮。

**【保存方式】**用塑膠罐密封，冷藏保存。　**【保存期限】**7日。

# 古代皇室天然染髮劑不勝枚舉，別再讓PPD傷頭皮和腎臟。

**患者主訴** 一個星期多前，65歲的王老先生如往常自己染髮，但他新用了一種不曾用過的染髮劑，結果頭皮發癢，就往頭皮上抹了一些消炎藥。不料第二天，頭皮髮際開始紅腫疼痛抓癢，甚至耳輪、胸背部起疹、搔癢，並伴有糜爛、結痂、脫屑，而且耳輪部滲出明顯，連嘴唇也突然腫起。他突發奇想**用肥皂水洗後，想不到症狀加重！**從未碰過這種情況的他，驚慌趕到醫院，經皮膚科醫生確診是**因染髮引起的嚴重的「接觸性皮膚炎」**。

**診療建議** 史書中較早記載的染髮實例，是西元一世紀的王莽。王莽43歲篡奪王位後，自稱為「新朝皇帝」，當他58歲，處於即將被綠林農民軍消滅之際，還冊立淑女史氏為皇后，但當時他已是「皓首白鬚」的老態，為了掩飾名不正言不順的政權和建立當君主自身信心，他「欲外視自安、乃染其鬚髮」（見《漢書．王莽》）。在我國最早藥物專著《神農本草經》中，已認識到數種能使白髮變黑的藥材，如白蒿能「長毛髮令黑」。東漢以後，染髮的處方技術增多，如晉．葛洪《肘後方》中，就用酒釀的**醋漿煮黑大豆**用來塗抹頭髮，可令「髭鬢白令黑」且「黑如漆色」；但後來隋煬帝收為己用，並列用宮廷秘方且載於《隋煬帝后宮諸香藥方》中。其後方《千金翼方》、《醫心方》、《聖濟總錄》、《本草綱目》等書，也都有記載染髮方劑。

明朝李時珍編撰的《本草綱目》中，記載有染髮作用的外用藥至少有20種以上，**如蕎麥、五倍子、黑豆、黑桑椹、生地黄、青胡桃皮、好墨**。古人把染髮劑型做成：散劑、膏劑、水劑、油劑等多種，用法有：塗抹、洗沐、粉擦、梳頭等。儘管其種類、用法遠不能同現代的染髮技術相比，然而，在現代化學染髮劑暴露出毒害弊端的今日，古代的染髮經驗未失去其重要的參考應用價值。

現代染髮劑的主要成份「**PPD對苯二胺**」，**為半抗原、具有較強的致敏作用**，會激生皮膚「遲髮型」變態反應，病理表現有：表皮細胞間水腫、真皮淺層血管擴張、周圍淋巴細胞浸潤、積液、滲出等，即「染髮性皮膚炎」，因染髮劑引起的皮膚急性炎症反應，會劇烈的燒灼痛、搔癢、糜爛、滲出或水腫。

另一方面，白髮的產生與預防，很重視要從根本原因著手，並不只關注在「染髮」這一環節。如隋．巢元方《諸病源候論．白髮候》認為，**身體虛弱、營養不良等是產生白髮的根源**；並主張「千過梳頭，髮不白」。對於一般青少年白髮，則認為多屬「血熱」，部分則與「血氣虛、腎氣弱則骨髓枯竭」有關。身體開始衰老後，一般而言，頭髮毛囊中的黑色素細胞，若停止分泌黑色素，頭髮就開始一根根變白；男性一般在30歲後、女性從35歲左右開始。

現代人不管是中老年人追求年輕外貌想染黑髮，或時尚男女想染五顏六色，因使用染髮劑而染上大麻煩「接觸性皮膚炎」的人也隨之增加。有鑑於此，開發天然本草的漢方染髮劑是值得發展的方向。我平時就常建議朋友，偶爾用我開發的「**旱蓮草染髮膏」每2、3月替代化學染髮劑來輔助染髮**，降低不肖化合物造成腎臟炎、膀胱癌的疑慮，而且能讓髮質得到修復保養，所謂「讓頭皮休養生息」。

口腔問題

# 口臭

↓

藥妝帖05

## 藿香除口臭液

適用症狀
口氣異味
口腔炎

口臭不是病，日常飲食習慣、沒有做好口腔清潔等，都會造成口臭。口臭也是病，其成因中以口腔疾病佔很大的比例，包括蛀牙、牙周病、牙齦炎等；罹患慢性鼻竇炎、胃炎、肺膿瘍、糖尿病、腎衰竭等疾病，也容易有口臭問題。

以中醫觀點來看，口臭是內臟問題的警訊，是體內的**五臟六腑積熱所致**，熱邪、積滯、痰濕同時夾雜，正氣素虛而形成。有人會伴隨口渴、便秘、苔黃等症狀；大腸氣滯、穢濁之氣溢口，屬於臟腑積熱，為形成口臭的典型案例。

### 藿香能化濕、抑菌，是除口臭法寶

市售的漱口水含化學成份，使用過程中被口腔吸收或不小心吞食，有害無益。「**藿香**」**含有天然精油**，有改善口氣、抑菌的效果。飯後使用，可維持口齒清新，天然無負擔。

# 藿香除口臭液 STEP BY STEP 這樣做！

## 工具

- 不鏽鋼鍋……………1個
- 大燒杯……………1個
- 網狀過濾勺……………1個
- 6號過濾袋……………1個
- 密封塑膠瓶……………1個

## 材料

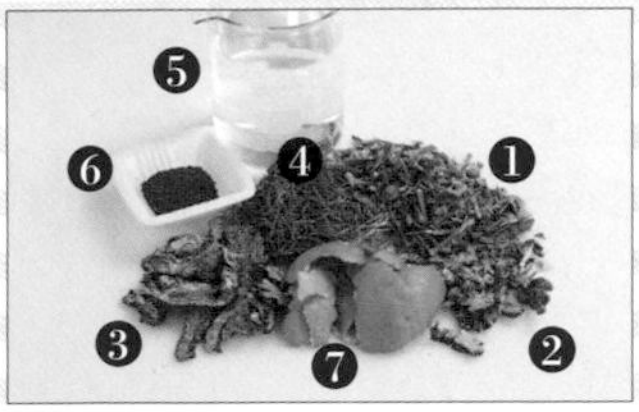


❶ 藿香……………15克
❷ 藁本……………15克
❸ 升麻……………15克
❹ 細辛……………15克
❺ 純水……………1000毫升
❻ 綠茶粉……………3克
❼ 橘皮……………30克

## 作法

### 1 置入藥材

將藿香、藁本、升麻、細辛放入鍋中。

### 2 加水中火煎煮

加入1000毫升純水，以中火煎煮剩600毫升。

### 3 加入綠茶、橘皮

加入綠茶粉、橘皮，續煮5分鐘。

### 4 濾出汁液

將過濾袋放入網狀過濾勺內，把材料撈起，濾出汁液。

### 5 放涼裝瓶

待冷卻後，裝入塑膠瓶中即完成。

羅醫師小叮嚀！

用「藿香」與數種中藥材調煮成的漱口水，具有天然抗菌、消炎的功效。中藥加適量的水煎煮，使香氣釋出，含漱或口含片刻後吐出，均可改善口臭。

【使用說明】❶ 使用前搖勻，每餐後含漱30秒吐出，重覆3次。
❷ 使用後半小時內請勿飲食，以免降低效果。
❸ 嘴破、長期口臭者，請先就醫。

【保存方式】用密封瓶存放冷藏。　【保存期限】7日。

# 以中藥液漱口或口含，有好口氣又平衡好壞菌。

**患者主訴** 我在門診中，和比鄰而坐的患者對談病情時，常聞到他們口腔散發著難聞的氣味，卻需本著醫德，以和悅面色來傾聽病情。但有口臭之苦的患者，難免使人望而止步，以致嚴重妨礙了人際關係。就曾有位30來歲女性患者，因為常在酷熱漫漫的夏季，**喜歡喝冷飲、整天吹冷氣**，常感口臭嚴重、胸悶腹脹、腹瀉便秘交替等消化功能異常，嚴重影響工作情緒態度，內向孤僻易躁動，造成主管和同仁對她的印象不佳。

**診療建議** 口臭的發生原因很複雜，發生率也很高。據統計，美國牙醫每週要接診約50萬名口臭患者；而一般民眾只有10~30%認為自己有口臭。口臭雖然不是什麼大毛病，但WHO（**世界衛生組織）已經將「口臭」列為疾病**。

一般口臭的發生80%以上起源於口腔，口腔不潔、牙垢、牙結石、牙菌斑都會造成口臭；「內因」也與齲齒、口瘡、鼻竇炎等疾病有關。尤其現代研究發現胃內「**幽門螺旋桿菌**」（**Helicobacter pylori，HP）感染，與口臭有很強的關聯**，證明HP感染是口臭的主因之一，而且人體感染HP的機率很高；這也可能是熬夜晚睡、高熱量飲食、少蔬果等造成免疫力低下而引起。

中醫學認為產生口臭的原因也有「外因」和「內因」。外因與進食的食物、酗酒、抽菸有關；比如吃了洋蔥、大蒜、韭菜等天然硫化物，口腔發出特殊的氣味，但這種氣味會隨時間逐漸變淡，最後自然消失。

長年的口臭主要則是內因「胃火上炎」，胃腑積熱、胃腸功能紊亂、消化不良、胃腸出血、便秘等，引起口氣上攻或濕熱鬱結所致；其出氣臭穢，經年難消。或因「腎陰不足，虛火上炎」；腎之華在齒，因齒為骨之餘，「足陽明」經絡於上齦，「手陽明」經絡於下齦，所以**臟腑病變能通過經絡而出現口臭**。因此，口臭的治療常需從調理五臟六腑入手，而中藥在治療口臭效果就比西醫好。

另一方面，為了消除口腔異味，很多人會使用漱口水。但近來澳洲有研究指出「漱口水因為含有酒精會致癌」，標題著實聳動，令人憂心恐懼。後來很多牙醫師持保留態度，因為無酒精與口腔致癌關連性。有些漱口水則會讓牙齒染色，也有研究指出，有些漱口水（常含有抗生素）會改變口腔的微生物菌種，破壞好菌、壞菌共存的生態平衡；要是你把口腔內總菌數殺到剩十分之一，也就同時殺掉保護口腔的好菌，那不就是直接破壞掉維持消化道健康的第一大關！

所以慎重起見，建議大家**使用不含酒精的漱口水，且偶爾使用就好**。而使用中藥漱口水或口含預防緩解口臭，這古人早有體會。前人已經使用過的消臭中藥種類多，以香藥為主，如莖葉類有：香薷、藿香、紫蘇、薄荷、荊芥等，這些中藥材**除了入口留香，所含芳香的揮發油還有抑菌防腐的功能**。對因口腔菌群異常，而使口腔黏膜、牙齦發炎和齲齒的形成也有一定作用。我在臨床上已經用「藿香除口臭液」治療過很多口臭患者，絕大多數都療效顯著，而且未見不良副作用。

口腔問題

# 牙周病

↓

藥妝帖06

# 升龍天然漱口水

適用症狀
牙周炎
牙齦腫痛

牙周疾病幾乎所有的人都有不同狀況。口腔清潔不當，造成牙菌斑附著齒面、齒縫中，形成牙垢、牙結石、血管內壁斑塊，不但會導致牙周病（牙齦出血、紅腫、口臭、牙周組織吸收、掉齒），更有研究警告會**增加罹患心肌梗塞、中風機率；**糖尿病患更要小心牙周病變。美國醫界已將牙周病視為全身性疾病。

牙周病目前臨床無特效藥，使用自製的天然漢方漱口水不但物美價廉，口服亦可殺菌消炎，還能增強人體細胞的天然免疫力。

## 升麻、龍膽草的清熱、抗炎效用強

「升麻」清熱解毒的功效甚強，兼具抗炎止痛作用。「龍膽草」為龍膽科植物龍膽的根和莖，性寒，味苦，可治療肝經熱盛引發的口苦、口臭、牙齦腫痛。

升麻

龍膽草

# 升龍天然漱口水 STEP BY STEP 這樣做！

## 工具

- 不鏽鋼鍋……1個
- 攪拌棒……1支
- 網狀過濾勺……1個
- 6號過濾袋……1個
- 密封玻璃瓶……1個

## 材料

❶ 升麻……15克
❷ 龍膽草……15克
❸ 大黃……15克
❹ 地骨皮……15克
❺ 純水……1000毫升
❻ 鹽巴……60克

## 作法

### 1 置入藥材

將升麻、龍膽草、大黃、地骨皮直接放入鍋中。

### 2 加水中火煎煮

加純水1000毫升，以中火煎剩600毫升。

### 3 加入鹽巴

加入鹽巴，均勻攪拌。

### 4 濾出汁液

將過濾袋放入過濾勺中，把藥材撈起，過濾出汁液。

### 5 放涼裝瓶

待冷卻後，將濾出的藥液裝入玻璃瓶中即完成。

羅醫師小叮嚀！

每日飯後正確使用牙刷、牙線，是預防牙周病的根本之道。牙周病患少吃柑橘類水果、酸辣刺激性食物，避免增加疼痛。長期用此藥液能維持正常口腔菌叢，有效預防牙周病。

【使用說明】❶使用前搖勻。每餐後含漱30秒吐出，重覆3次。
❷使用後半小時內勿飲食，以免降低效果。
❸若有嘴破、傷口潰瘍，應先就醫。

【保存方式】將漱口水倒入玻璃瓶中，密封冷藏。 【保存期限】7日。

# 漢方治療每日多次含漱，也要定期去牙科檢查。

**患者主訴** 49歲的范先生，兩年前開始出現牙齦出血、紅腫、口臭，曾多次到牙科治療，牙醫診斷為「慢性牙周炎」，**口服抗菌素、外用優碘，但療效都欠佳**。以牙周病常規治療了兩年，但前排門牙上下的牙周組織疼痛發炎都還未痊癒。

**診療建議** 我檢查范先生的口腔，可見牙齦廣泛充血和水腫、牙結石明顯，可聞及腥臭味，牙齦觸碰易出血，全口牙均有不同程度的鬆動，前牙又較為嚴重，會自覺脹痛，遇冷熱時加劇。我建議他用「升龍天然漱口水」，於每日早晚、連飯後空腹漱口多次，不小心吞嚥下也無副作用。而在中醫治療期間，我叮囑范先生**仍要定期去牙科做牙周組織的常規治療**。經過中醫1個療程約14天後，症狀明顯好轉，再繼續用藥10多天，牙齦腫痛、口臭症狀都消失大半，而他的主觀感覺如咬合無力、遇冷熱痠痛等症狀也得到控制。

牙周是否健康，西醫認為在於細菌（如牙菌斑）和主人的防禦機能是否能平衡。中醫則是根據疾病和患者的機體來處治，雖然在臨床應用上比較有限，不過提醒我們牙周炎是由於**胃中熱盛，火熱循「陽明經」上攻所致**；主張辨證施治，採用疏風清熱、清胃瀉火、補益氣血等方法治療，就內外整體早日終結這個口腔慢性病。

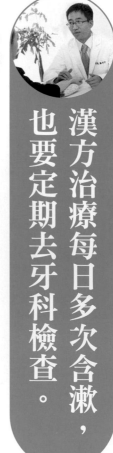

口腔問題

# 牙痛 ↓ 

藥妝帖07

# 丁香止痛液

中醫看牙痛分3種證型：**「風火型」**表症為牙齦紅腫、流膿；**「胃火型」**牙齒易受食物的冷熱刺激；**「虛火型」**咀嚼時牙齒有明顯疼痛感。而通常牙醫師會開止痛藥治療，但我們也可自製天然的止痛液來改善牙痛牙腫，有效且不傷身。

大部份的牙痛都是細菌感染的結果，或是牙齒相關疾病如牙髓炎、齲齒等造成；不過有些慢性病如**冠心病**、**高血壓**，**也可能引起牙痛**。所以大家可別忽視說「牙痛不是病」，當「痛起來真要命」時又亂塗偏方，還是要看過醫生為妥。

## 丁香是天然麻醉劑，有止痛、舒緩效果

「丁香」性溫，味辛，具有散寒止痛、抑制病菌滋生作用；治牙痛、口腔潰瘍也有一定的良效。搭配其它中藥材製成的「丁香止痛液」可當作立即的止痛劑，**藉以麻痹神經**、**舒緩牙痛**。

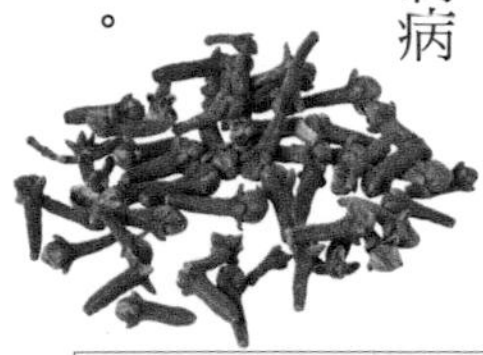

適用症狀
牙痛敏感
牙腫嘴破

# 丁香止痛液 STEP BY STEP 這樣做！

## 工具

- 不鏽鋼鍋……………1個
- 攪拌棒……………1支
- 網狀過濾網……………1個
- 6號過濾袋……………1個
- 密封玻璃瓶……………1個

## 材料

❶ 丁香……………10克
❷ 花椒……………10克
❸ 純水……………200毫升
❹ 白酒……………40毫升

## 作法

**1 置入藥材**
將丁香、花椒放入鍋中。

**2 加水中火煎煮**
加入200毫升純水，以中火煎煮5分鐘。

**3 加白酒攪勻**
加入白酒，用攪拌棒攪勻。

**4 濾出汁液**
將過濾袋放入過濾勺內，將藥材撈起，濾出藥液。

**5 放涼裝瓶**
待藥液冷卻後，裝入玻璃瓶中即完成。

羅醫師小叮嚀！

平時要多注意口腔護理，維持牙齒和牙齦的整潔。飲食方面，可吃蘿蔔、芹菜、南瓜等清胃火、肝火的食物，並減少或控制糖份攝取。

**【使用說明】** ❶使用此藥液時，用乾淨的棉球或棉花棒沾藥液，放入牙痛部位咬住15分鐘。❷止痛液只是暫時止痛、消腫，無法根治牙痛的病根，建議仍要就醫找出病因。

**【保存方式】** 將藥液倒入玻璃瓶中，密封冷藏。若未用完要嚴蓋密封，以免有效物質揮發，失去療效。 **【保存期限】** 7日。

# 智齒痛但還不想拔掉，漢方止痛液勝過抗生素。

**患者主訴** 29歲的朱小姐左後智齒痛已經10多天，發作時伴隨左側頭、臉部疼痛，心跳速率加快，寢食不安，曾口服抗生素止痛藥，時緩時甚，尤其**服藥後6～8小時又疼痛不已**，再服更多劑量止痛藥，已不見效。我檢查她左下磨牙處已經齲齒，她說牙醫師建議拔掉這智齒，但她猶豫，想試試中醫可否能緩解，拖一下看看惡化情況再決定是否拔牙。……中醫老是被看成是「死馬當活馬醫」的窘境，真是「中醫同道當自強」！

**診療建議** 牙齦腫脹是臨床常見症狀，通常容易伴有口臭、牙齦出血、咀嚼疼痛的問題；牙痛的中醫證型常分為：風熱牙痛、胃火牙痛、虛火上炎等三種類型。

我從冰箱拿出「丁香止痛液」加1枚棉球，放入朱小姐左下磨牙處患部，請她輕輕咬住，15分鐘後疼痛立刻消失。她說**感覺辣辣刺刺的，但總比牙痛難忍要好過**；看診後帶回去每日使用2～3次。說也奇怪，一瓶200毫升不到的「丁香止痛液」還沒用完，左側牙痛感已經不明顯，除非接觸冷熱交替和咬硬物時，才感受蛀牙還在；所以她繼續「鐵齒」，還沒拔掉它。我這1、2年來運用自擬的「丁香止痛液」治療牙痛，患者收效都很好。雖然病根還是要看醫生才能治本，但至少能自己緩解疼痛，暫時解除生活上的不便，不會心煩意亂、坐臥不寧啊！

口腔問題

# 口腔炎

藥妝帖08

## 冰黛散

適用症狀
嘴破紅腫
口角炎

「口腔炎」即指口腔內的黏膜發炎、潰瘍（嘴破），這時你覺得口乾舌燥，也容易有口臭。在中醫看診四法「望、聞、問、切」中，和患者對坐相談時，就能聞到一些身體發出的訊息。

**像經常熬夜**、**壓力大**、**肝火旺盛等**，就容易嘴破發炎，不僅影響吃東西，有人連說話、吞口水都會痛到不行。口腔炎有時幾天就痊癒，有時卻反覆發作，甚至潰瘍部位擴大，一整個月都不見好轉。

### 冰片、青黛幫你清熱、解毒、消腫

**「冰片」**為龍腦香科常綠喬木，龍腦香樹脂的加工結晶品，有強烈的芳香氣，內服芳香開竅，外用散熱止痛、防腐生肌；**「青黛」**為大青葉經浸泡，加石灰水後提取的乾燥色素，性味鹹寒，可清熱、解毒。冰片、青黛搭配在一起，可改善口腔發炎、潰瘍，還兼具止痛效果。

# 冰黛散 STEP BY STEP 這樣做！

## 工具

- 研磨缽、研磨棒……1組
- 網狀過濾勺…………1個
- 金屬挖勺……………1支
- 塑膠噴罐……………1個

## 材料

❶ 食用冰片…………10克
❷ 食用青黛…………10克
❸ 黃柏………………10克
❹ 黃連………………10克

## 作法

### 1 置入藥材

將食用冰片、食用青黛、黃柏、黃連放入缽中。

### 2 研磨成粉

研磨或用電動粉碎機，將藥材磨成粉。

### 3 細篩過濾

用網狀過濾勺濾出細粉。

### 4 裝入噴罐

用挖勺將所有藥材裝入「塑膠噴罐」中即完成。

羅醫師小叮嚀！

攝取充足的營養，如富含維生素B、C的蔬果，以及作息正常、適當排解壓力等，調養好身體狀態，便會大幅降低口腔炎的發生機率。當然，做好口腔衛生、正確潔牙，也可預防口腔炎一再發作。

**【使用說明】** ❶取適量粉末噴灑於患處。
❷若目前口腔潰瘍已長期不癒，應先就醫。
❸懷孕媽咪要先詢問醫師，慎用各種口腔藥物，小心含「冰片」的西瓜霜，避免造成宮縮流產。

**【保存方式】** 用「塑膠噴罐」密封保存，置於乾燥陰暗處，常溫放置。

**【保存期限】** 14日。

# 口內膏20天治不好，中藥冰黛散5天就搞定。

**患者主訴**

42歲的鄭先生2個月前感冒，導致口腔左頰內側、嘴唇內、前門牙下側潰瘍（嘴破），經塗西藥口內膏而復原。但是，之後**常在嚴重失眠、思慮勞神時又再發作**。至今反覆發炎已經20多天，而且有時還更嚴重，從原處到舌尖邊的粘膜都出現潰瘍，有3個黃豆般大和2個小米粒樣的潰瘍傷口，潰瘍中心發白，有層粘膜覆蓋，周圍呈現紅暈。

而且鄭先生感覺傷口紅腫熱痛、心煩易怒、口乾口渴，一直想喝冷飲，還有頭目眩暈、大便乾硬、小便偏黃等現象。

**診療建議**

我從鄭先生的內外諸症，以及查看舌紅苔黃、脈象弦滑數，證屬心脾積熱，毒入血分；擬清熱涼血、瀉火解毒的處方。只是他拿內服藥一週，就嫌內有太多苦口的「黃連」，光想到就不願意照時服藥，只服用2次就自行停藥，回來複診時與我僵在那兒，如何是好啊？

我想到：「那就用漢方口內膏——冰黛散吧！」我叮囑他用棉花棒沾藥粉塗抹傷口，每日多次；提醒他**塗藥粉半小時至1小時之後，才能進食飲水**；也需要耐心點使用幾天，讓藥效作用。

就在他使用了4～5日之後，就感覺口腔炎灼痛減輕，潰瘍傷口大部分都收斂了，疼痛發熱也減輕，而且能順利飲食。再繼續塗藥之後，傷口粘膜顏色變淡，潰瘍中心的白點也明顯收斂復原。

先前，鄭先生因為**免疫力低下、睡眠嚴重不足**，始終無法改善口腔炎反覆發作的困擾。此時能自己在家使用中藥冰片、青黛製成的「冰黛散」，讓藥效定時、持續作用，又天然不刺激，所以能有效改善症狀。

口腔潰瘍疼痛屬於「口瘡、舌瘡、口糜」等類型，若嘴破屬於長期反反覆覆治療難癒之症狀，則中醫稱之為「口疳」。發炎初起時，口腔黏膜、舌面會出現充血水腫皰疹，隨後皰疹潰破後，出現散在大小不等、界限清楚的糜爛面或潰瘍傷口，傷口邊緣清楚規則，表面有較厚的纖維素樣滲出物，形成白膜或灰黃色假膜，剝離後可見出血性糜爛面，一兩天後白膜又迅速生成，可融合成大片。要小心可能**繼發細菌感染**，**而形成「壞死性齦口炎」**。

中醫證型屬於常見風熱犯表，「腠理不和，咽喉不利，故發熱、咽紅。邪熱熏灼口舌，故口腔破潰。熱灼口腔，進食疼痛因故納食減少、流涎」。現代醫學則提醒大家，「潰瘍性口腔炎」是由多種細菌如鏈球菌、金黃色葡萄球菌、肺炎球菌等感染引起，所以我們的日常飲食、口腔衛生、作息睡眠等都要留心。

臉部問題

# 青春痘 ➡ 藥妝帖09 七白膏

適用症狀
痘瘡紅腫
粉刺

青春痘不是青少年才會長的。不少熟齡男女因為化妝品使用或清潔不當、工作壓力大、菸酒，和愛吃麻辣甜食炸物等，也會誘發青春痘。現代醫學提醒我們，青春痘是內分泌紊亂、皮脂腺導管角化異常、微生物感染、免疫力下降等現象的警訊。

皮膚科醫師大多用A酸製劑外敷內服來治痘，雖然能除痘消腫，兼去疤淡痕，但要是**沒有做好防曬，反而讓肌膚變得敏感**、**患處變薄**，**甚至容易曬出斑點**。擦抹漢方調製的「七白膏」能消痘、調理膚質，還能讓肌膚美白潤澤。

## 蘆薈能鎮靜、消炎，有效消痘退紅

「七白膏」含多種白色中藥，藥取其色，以色治色。對青春痘引起的**紅斑**、**色素沉澱有顯著療效**。尤其「蘆薈」富含多醣體、維生素，可給予肌膚高度滋潤；還能鎮靜發炎的肌膚，消除痘痘、粉刺。

# 七白膏 STEP BY STEP 這樣做！

## 工具

- 不鏽鋼鍋……1個
- 攪拌棒……1支
- 大塑膠挖勺……1支
- 一般飯碗……1個
- 一般湯匙……1支
- 小塑膠挖勺……1支
- 塑膠藥膏盒……2個

## 材料

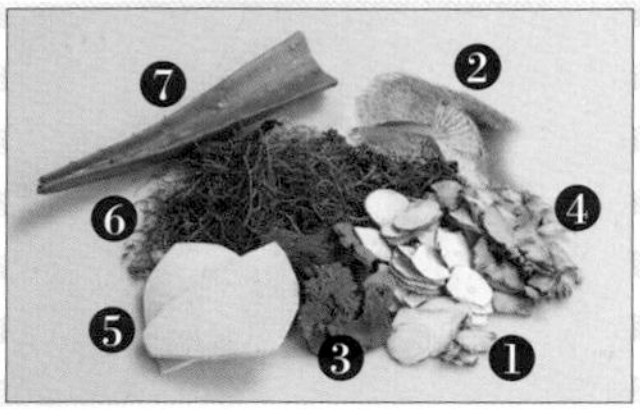


❶ 白芷……30克
❷ 白斂……30克
❸ 白朮……30克
❹ 白芨……30克
❺ 白茯苓……30克
❻ 細辛……30克
❼ 蘆薈白肉……60克

## 作法

### 1 藥材磨粉入鍋

將材料❶～❻研磨成粉末狀，再放入鍋中。

### 2 攪拌均勻

用攪拌棒或塑膠挖勺拌勻。

### 3 加蘆薈白肉

取10克粉末倒於碗中，再加入蘆薈白肉。

### 4 調成膏狀

用湯匙慢慢攪拌至膏狀。

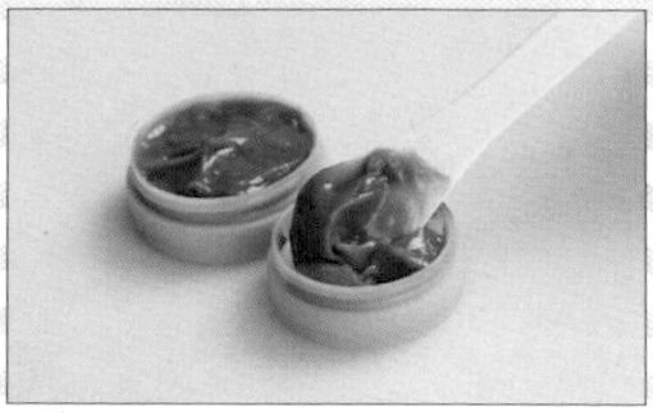

### 5 裝入容器

用小塑膠挖勺將藥膏裝入塑膠藥膏盒。

羅醫師小叮嚀！

我把古方「七白膏」的配方稍作調整，用蘆薈為主要成份，減少致敏因子，達到美白、抗痘、消炎、抗菌、保濕等多重護膚效果。建議青春痘患者用溫水洗臉，禁用手去擠壓痘瘡粉刺，以免發炎感染加劇。

**【使用說明】** 用棉花棒取適量的「七白膏」，均勻輕抹在患處，少用手接觸傷口和藥膏，避免留細菌或變質。

**【保存方式】** 將藥膏置於塑膠小盒，蓋緊冷藏。

**【保存期限】** 7日。

# 粉領族狂冒青春痘，找美容院做臉越治越大痘。

**患者主訴**

有位25歲的女姓上班族，大學畢業上班2年，無法適應職場壓力，額頭、面頰和下巴都反覆出現丘疹粉刺，長達6個月。她常覺得臉部發紅疼痛、脹熱，皮脂分泌旺盛，月經期前幾天症狀加重，月經期後又減輕；糾纏難癒，經中西醫治療都不佳。1週前還因**到美容院做臉治療，導致臉部症狀加劇**，服用西藥及擦劑仍未見好轉，而來求診。

**診療建議**

不只青少年，事實上**成人上班族的青春痘好發率更是普遍**；臉部和胸背部都會冒出痘瘡、粉刺。中醫認為青春痘也是體內陰陽臟腑氣血失調的表現，與飲食不節、過食肥甘厚味、壓力因素都有關。一般**西藥治痘只限於抗炎藥，有副作用，也不能長時間應用**。根據這位小姐的主訴，以及她常覺口渴、愛喝冷飲，大便乾硬難解，舌質紅，苔薄黃，脈滑數；我診斷此證屬「腸胃濕熱薰蒸皮膚」所致。而她知道以前看中醫服中藥太苦，療程又長，希望改方式治療。但問她放血消毒、針灸又怕痛，如何是好？

我建議她就簡單外用「七白膏」取代西藥藥膏：每日簡單臉部清潔護理，抹「七白膏」2～3次，**每次至少30分鐘，連敷抹14天**。果然皮損處逐漸收口，紅腫消退，紅疹減少，皮疹頂部已可見結痂，臉部結節囊腫也明顯減小，只剩少許過去猛抓的瘢痕和色素沉著。

臉部問題

# 雀斑

↓

藥妝帖10

# 三白蛋清散

適用症狀
雀斑
黑斑

雀斑是一種常見於臉部的色素沉著性小斑點，多在5~7歲時開始出現，青春期最多。主要分佈於臉部、手臂等暴露部位，深淺不一、邊緣不規則，經太陽的紫外線照射，會誘發使其加重。另外，成年人若**排便不順暢，導致腸道內累積許多的毒素**，這些毒素便會隨著全身血液循環，逐漸累積在皮膚上，形成雀斑。

中醫學認為雀斑是由於體內陰陽不調，從而**火鬱結於人體之經絡**，**造成血行不暢**，**加之風邪在外**，**而在面部形成的徵象**。故應以調節陰陽平衡之法，活經絡、行氣血、潤燥養顏。

## 白芷祛斑、促肌膚代謝，美容效果佳

「白芷」為傘形科多年生草本植物；白芷的根色白、味香，可促進血液循環，使肌膚新陳代謝加快。它除了可消除雀斑，還能**預防黑色素沉澱**，使肌膚透亮白晰。

# 三白蛋清散 STEP BY STEP 這樣做！

## 工具

- 研磨缽、研磨棒……1組
- 大塑膠挖勺……1支
- 一般飯碗……2個
- 密封玻璃罐……1個

## 材料

❶白芷……15克
❷白芨……15克
❸白茯苓……15克
❹葛根……15克
❺滑石粉……30克
❻蛋清……2個

## 作法

**1 藥材磨成粉**

研磨或用電動粉碎機，將材料❶～❺磨成粉。

**2 攪拌均勻**

用塑膠挖勺將藥粉拌勻，即為半成品可冷藏保存。

**3 使用前加蛋清**

取30克藥粉放入空碗，加蛋清拌勻。

**4 攪勻成膏**

慢慢攪拌到呈膏狀。

**5 盛裝使用**

將成品放入玻璃罐中，即可使用。

羅醫師小叮嚀！

使用時應有醫師指導，因為拿來外用的「白芷」屬光敏性藥物，內含的香柑內酯、花椒毒素為光活性物質，一旦受到日光或紫外線照射，可能使皮膚罹患「日光性皮膚炎」，發生紅腫、色素增加等症狀。

**【使用說明】** ❶所製作的藥粉，請在使用時才加入蛋清調製成膏。
❷每晚洗臉後塗於臉部，約20分鐘後以清水洗淨。

**【保存方式】** 將步驟❷的藥粉置於玻璃罐中，密封冷藏。

**【保存期限】** 7日。

# 用中藥粉敷臉除雀斑，免打雷射挨痛又花錢。

**患者主訴**

雀斑、黑斑加重，是很多女性夏天的夢魘。一般用果酸、曲酸或用冷凍機械磨削，使表皮脫落，祛除長斑的表皮層。當使用品質不良的祛斑化妝品，酸性物質太高或含汞量太高，就容易腐蝕皮膚，造成疤痕。相比之下，**中藥美容則安全、有效得多**。有位21歲的女大生因常便秘、又發痔瘡困擾而來就診。基於愛美之心，她順便問我臉上的雀斑近年越長越多「黑砂糖」（斑點、黃褐色小片），在遇冷、遇熱或心情不好時就特別明顯……。

**診療建議**

雀斑是肺經風熱所致，因為張同學屬「熱性體質」，易臉部潮紅、舌苔鮮紅、口乾舌燥，本易生雀斑和膿皰。但因為她不太想口服中藥粉，我建議用「三白蛋清散」**每日睡前、或假日敷臉半小時看看療效**。

張同學半信半疑為臉部雀斑努力，試圖找回自信，用中藥粉敷臉比治便秘還努力，用了約1個月雀斑還真的變少變淡，心情也好了大半；繼續DIY又試了半年，敷得更勤勞更積極，後來滿臉的雀斑就沒那麼明顯了，她還開玩笑說**省了打雷射挨痛和花錢**。不過，基本上因為張同學容易**排便不順暢，導致腸道內累積許多的毒素**，這些毒素便會隨著全身血液循環，逐漸累積在皮膚上，就更易形成雀斑，我鼓勵她還是要養成良好的排便習慣，身體才會內外皆美。

臉部問題

# 皺紋

↓

藥妝帖11

# 黃耆除皺面膜

適用症狀
皺紋細紋
肌膚乾燥

隨著年齡的增長，肌膚自我調節、代謝能力逐漸下降，導致皮脂分泌減少、「鎖水力」衰退，皮膚因此變得乾燥、有小細紋。尤其是在炎炎夏季，**若長時間待在冷氣房內，更容易使肌膚乾燥缺水**。這時若無適時補充水份，就容易讓皺紋提早來報到。另外，如過度日曬、作息不正常、壓力等因素，也都易使肌膚老化。

肌膚一旦乾燥，就容易產生皺紋。使用面膜可以加強肌膚的保濕，幫肌膚鎖住水份。同時，再給予肌膚適度的按摩，讓肌膚恢復彈力與光采。

## 黃耆滋潤肌膚，預防衰老、皺紋

「黃耆」含多種胺基酸、微量元素，能為皮膚細胞提供一個充沛營養的細胞外環境，**提高皮膚膠原纖維、膠原蛋白含量**，調節免疫功能，因此具有除皺養顏，延緩皮膚衰老的作用。

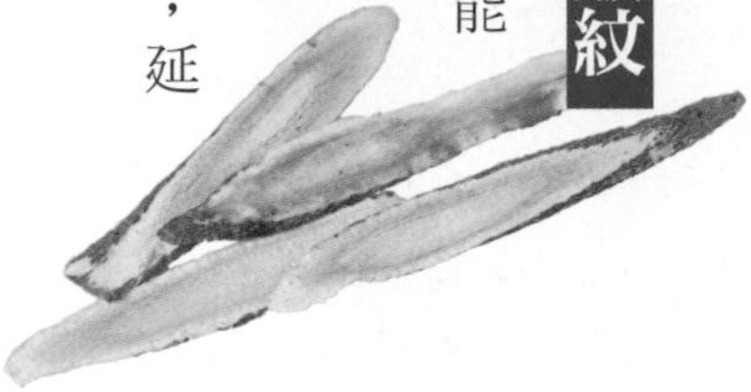

# 黃耆除皺面膜 STEP BY STEP 這樣做！

## 工具

- 研磨缽、研磨棒……1組
- 網狀過濾勺……1個
- 不鏽鋼鍋……2個
- 食品用溫度計……1支
- 攪拌棒……1支
- 大塑膠挖勺……1支
- 面膜紙……1片
- 密封罐、小碟子各1個

## 材料

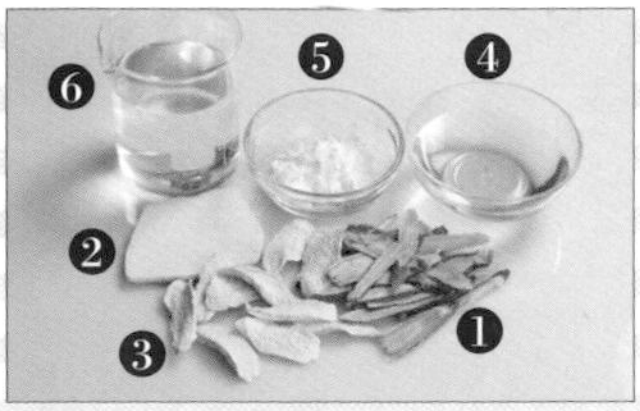

❶ 黃耆……15克
❷ 白茯苓 ❸ 山藥‥各15克
❹ 糯米醋……100毫升
❺ 樹薯粉……15克
❻ 純水……200毫升

## 作法

### 1 研磨藥材成粉

將黃耆、白茯苓、山藥放入缽中，研磨成粉末狀。

### 2 細篩過濾

用網狀過濾勺濾出細粉，放入第一鍋備用。

### 3 第二鍋放糯米醋

於第二鍋放糯米醋，以中火煮至75～80℃。

### 4 第一鍋加粉加水

於第一鍋加樹薯粉，再倒入純水，攪拌均勻。

### 5 兩鍋拌勻

將第一鍋緩緩倒入在煮的第二鍋，拌至稍凝結，關火。

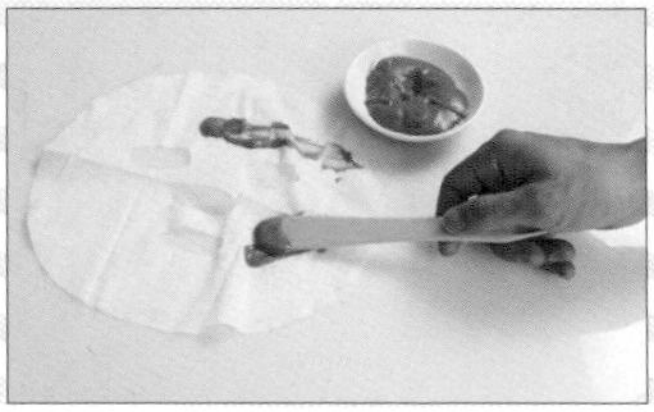

### 6 適量塗面膜紙

將要使用的量裝入碟子，均勻塗於面膜紙即可使用。

羅醫師小叮嚀！

購買使用材料「糯米醋」時要多方比較，需選擇天然的，避免化學與香料合成的；唯有天然食材才能確實達到保養的效果。

【使用說明】面膜敷於臉上15～20分鐘即可卸下，再用水將臉洗淨。每週2次。

【保存方式】沒用完的面膜膏用塑膠或玻璃罐保存，密封冷藏。

【保存期限】14日。

# 中藥面膜是最新治療、美容聖品，提高皮膚水份和彈性。

**患者主訴**

46歲的上班族郭小姐，因工作繁忙、經常外食造成營養失衡，加上常聚餐飲酒、睡眠不足、愛用化妝品，近來感覺影響皮膚提早衰老。自訴臉部氣色差、粗糙無光澤感、皺紋早現，「**尤其法令紋、口角處、眼尾紋、額紋……總之全臉都是歲月紋！**」她還發現肌膚彈性減弱、鬆弛下垂、皮膚變薄，色素斑也逐漸形成。尤其冬春季節皮膚乾澀起屑，夏季皮膚又易潮紅、腫脹，使用「保濕類化妝品」時皮膚易出現小紅疹，且有灼痛感。加上身心壓力影響飲食胃口不佳、四肢乏力、心情不快，故前來看診。

**診療建議**

中醫認為「十二經脈、三百六十五絡，其血氣皆上注於面。」經絡是人體氣血運行的通道，將人體的內外、臟腑、肢節聯成一個有機體。經絡通暢，氣血旺盛，臉部肌膚得以濡養，皺紋才不易產生。所以，皺紋的產生與「經絡不暢」有關。

我觀察郭小姐臉色臘黃、暗沉，皮膚沒有光澤，頭髮枯槁乾燥，舌質淡，苔薄白，脈細弱。診斷為：皮膚老化。證屬肺腎虧虛，脾失健運，即是皮膚角質代謝異常，皮下保溼鎖水能力不足，飲食失衡造成腸胃機能混亂，所以治以內服外敷，內服潤肺、健脾，滋腎，外敷養顏美白、保溼除皺，以營養肌膚，使肌膚保持彈性，細緻光滑、容光煥發、延緩衰老。

我建議她在家洗臉後，用「黃耆除皺面膜」敷臉；或可蒸臉，配合中藥面膜粉調水塗敷，每週2～3次，每次15～20分鐘，再以清水清潔。**可配合用手由內而外、由下而上按摩臉部，活絡面部經絡**。約20來天後，她皺紋和色斑就有些許改善，尤其容光煥發，也重新拾回自信。再連續敷中藥面膜約30天後，發現顏面光滑細緻，皮膚更顯潔白亮麗，她感覺觸感變柔軟堅韌、漸有彈性，脫屑現象也消失了。

她前後約治療3個月，臉部肌肉即比以前明顯豐滿，細紋消失，皺紋也淡化了；整體膚色色紅稍白、潔淨透亮，色斑消退了有80％，整個人看上去至少年輕了5～10歲，心情也開朗許多！

**中藥面膜是一種新穎的治療、護膚、美容佳品，塗敷於臉部，15～20分鐘即形成一層保護膜；隨面膜乾燥同時有收縮作用，使皮膚繃緊，毛孔變小，細小皺紋被消除。**

面膜中含有中藥提取液、保濕劑、營養劑、油份等，同時配合用手按摩臉部皮膚，可促進皮膚局部微循環，增進新陳代謝，給肌膚細胞足夠的氧氣，活化細胞，恢復細胞彈性。不但能使皺紋消除、臉色紅潤，耐心使用一段時日，效果還會更加明顯。我所建議的「黃耆除皺面膜」為純中藥製劑，臨床使用過程中未發現任何不良反應，具有安全性高等特點，因此想除皺、青春的男女性，都能長期使用！

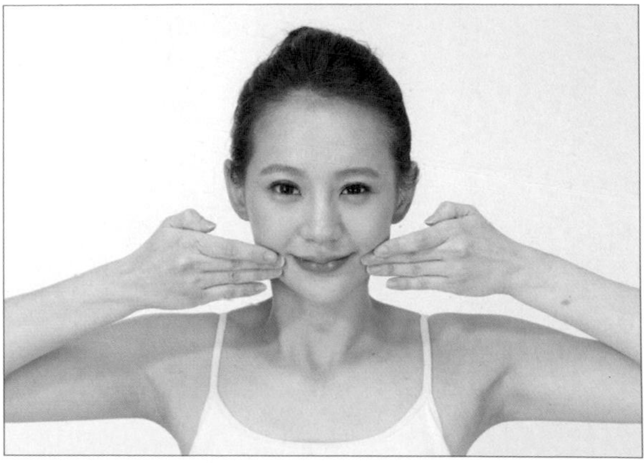

臉部問題

# 化妝品性皮膚炎

↓

藥妝帖12

## 馬齒莧外洗方

適用症狀
肌膚過敏
發炎發癢

俗話說：「女為悅己者容」。化妝除了變美、使氣色變好，還能增強自信心，帶給人容光煥發的感覺。有些人是由於工作因素，必須天天上妝；有些人則是因愛漂亮，每天勤勞地化。不少研究發現，市售化妝品已知會引發過敏的化學物質超過百種；若整天上妝，加上沒有做好清潔，便容易產生**「化妝品性皮膚炎」**。

除了要慎選化妝品，**若肌膚已有過敏、發炎症狀，則盡量不要上妝**。建議可用天然中藥製成的洗劑，抗菌、止癢、利於炎症消退。

### 馬齒莧可細緻毛孔，控油效果佳

**「馬齒莧」含有維生素A，可解毒消炎**，維持肌膚機能正常運作與代謝，用它和其它天然中藥材製成「馬齒莧外洗方」，所煎煮出來的汁液濕敷，能夠鎮靜發炎、過敏的肌膚，達消炎、舒緩功效。

# 馬齒莧外洗方 STEP BY STEP 這樣做！

## 工具

- 附線小布袋…………1個
- 不鏽鋼鍋…………1個
- 大燒杯…………1個
- 網狀過濾勺…………1個
- 密封塑膠或玻璃瓶 1個
- 化妝棉…………4～5片

## 材料

❶ 馬齒莧…………15克
❷ 生地黃…………15克
❸ 黃芩…………15克
❹ 白蘚皮…………15克
❺ 牡丹皮…………15克
❻ 純水…………1000毫升

## 作法

### 1 材料入袋

將材料❶～❺放入小布袋，用袋口的線綁緊。

### 2 入鍋加水

將小布袋和1000毫升純水入鍋。

### 3 中火煎煮

以中火煎煮剩500毫升水。

### 4 濾出汁液

用過濾勺撈起小布袋，濾出汁液。

### 5 放涼裝瓶

待汁液冷卻，裝入塑膠或玻璃瓶即完成。

羅醫師小叮嚀！

對於因化學成份導致皮膚敏感、發炎，草本植物可修復皮膚受損組織，改善消炎症狀。當皮膚出現問題，勿亂塗外用藥，以免加重病情。此外，每次更換新的化妝品時，先在耳後或手腕內側測試，沒有紅腫過敏症狀再使用。

【使用說明】每日卸妝後，用4～5片化妝棉沾取適量藥液，敷於肌膚上，20分鐘後用溫水洗淨。

【保存方式】將汁液倒入塑膠或玻璃瓶中，密封冷藏。 【保存期限】7日。

# 擦品牌護膚霜起紅疹，馬齒莧外洗方有效除「濕邪」。

**患者主訴**

26歲的林小姐，用任何化妝品臉部都會發癢，起小紅疙瘩。這天因長粉刺，持續外擦某品牌護膚霜4、5日即出現臉部泛紅，兩頰及額頭有膿皰小紅疹，且時有搔癢疼痛感，更發展成顏面紅斑成片突起皮膚，尤以雙上眼瞼明顯，感覺發癢、灼熱感。她趕緊去醫院服「抗組織胺」和擦藥膏抗過敏治療，以及用「爐甘石洗劑」外擦後，臉部髮際線周圍紅腫稍退，但搔癢、脫屑水腫、丘疹多粒仍明顯，來找我診治。

**診療建議**

西醫診斷林小姐為：「化妝品性皮膚炎」。中醫診斷為：「粉花瘡」（彩毒濕熱證）；表現還有舌質紅，苔黃膩，脈弦滑。中醫《瘍醫大全．粉花瘡門》對本病早有認識，認為化妝品中的釉質、填料、香精等成份，或因品質低下，或因沾滯皮毛致毛孔閉塞，加上風吹日曬，使彩毒之邪鬱結於皮膚，即中醫古籍《瘍醫大全》所謂「火浮於上，面生粟累，或痛或癢，旋滅旋起」。

而「化妝品性皮膚炎」患者皮膚毛囊角質代謝容易失衡，造成毛孔粗大、油脂分泌多，乃所謂「濕邪之性」，故我們自此出發治療，以清熱解毒利濕，選用「馬齒莧外洗方」能達目的。中藥洗劑具有抗菌、消炎、收斂、止癢、止痛的功效，**有利於水腫和炎症消退**。當然，「化妝品性皮膚炎」也需要其它方面配合治療，例如適當的營養、睡眠，還有心理調節等，保持心情開朗無疑對疾病的治療有很好的作用。

發炎痠痛

# 發燒 ↓

## 藥妝帖13 柴胡退熱敷

發燒本是人體自我免疫防護措施，是中醫所謂正邪相爭產生的反應。當外邪入侵，正氣不足便無法抵禦，而導致發燒。所以，此時要讓邪氣有所出；邪氣退了，人自然恢復健康。利用祛寒的**中藥材外敷**，**可幫助排汗**，**同時要多補充溫開水**，才能降溫。

體溫的基準因年齡、環境會有所變化，測量部位和工具也有點差異。一般38~41度發燒狀況，會有精神欠佳、打冷顫、身體痠痛等明顯症狀。38度左右的「低燒」，也會讓人心悶意煩、有發炎感，使用漢方退熱貼有助於舒緩不適。

### 抵抗力差，柴胡可活血通經、治痠退熱

身體被外邪入侵，代表抵抗力不足。利用「柴胡」辛涼之性，可昇陽通經、活血，達疏散退熱之效。搭配「金銀花、細辛」等藥材，可祛除風寒，舒緩發燒引起的身體痠痛。

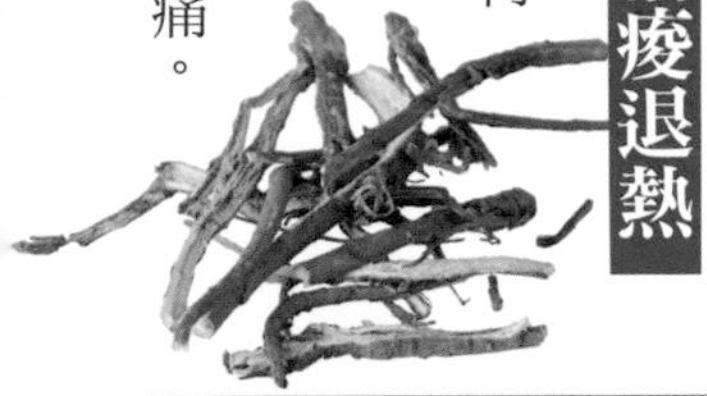

適用症狀
高燒無汗
低燒痠悶

# 柴胡退熱敷 STEP BY STEP 這樣做！

## 工具

- 研磨缽、研磨棒……1組
- 攪拌棒……1支
- 不織布……數塊
- 密封塑膠或玻璃罐1個

## 材料

❶ 柴胡……10克
❷ 山梔子……10克
❸ 細辛……10克
❹ 金銀花……10克
❺ 米酒……90毫升

## 作法

### 1 置入藥材

將柴胡、山梔子、細辛、金銀花放入研磨缽中。

### 2 研磨成粉

研磨或用電動粉碎機，將藥材磨成粉。

### 3 加入米酒

於缽中加入米酒。

### 4 攪拌均勻

用攪拌棒將粉末和米酒攪拌均勻。

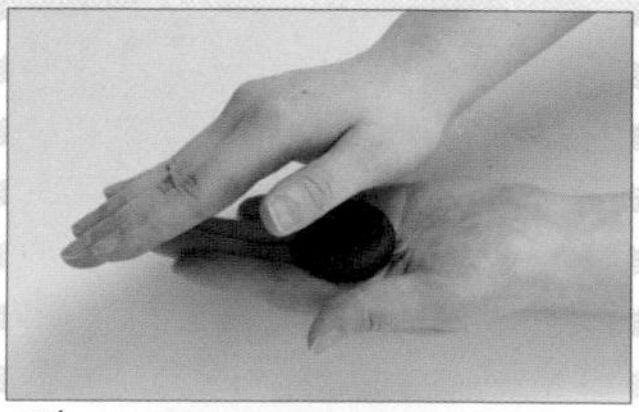

### 5 適度揉成球

取適度的量(約15公克)，揉搓成湯圓狀。

### 6 放布上壓扁

揉成藥球後，置於不織布上，稍壓成扁狀，即可使用。

**羅醫師小叮嚀！**

若「柴胡退熱敷」做好後經過冷藏，必須先回溫再使用。發燒時，要隨時注意體溫變化，並且每8小時要更換一次退熱敷。

**【使用說明】** ❶將湯圓狀的退熱敷放於肚臍窩或背部，上面蓋不織布，再用透氣醫療膠布固定住，最長8小時更換1帖。
❷ 若24小時後都無法退燒，應盡速就醫。

**【保存方式】** 未用完的退熱敷放在塑膠或玻璃罐中，密封冷藏。

**【保存期限】** 7日。

# 孩子不愛吃中藥，用外敷貼有效退燒伏冒。

**患者主訴** 為人父母的我們，小孩發燒都是我們常遇到的狀況，事實上這是身體的自我防禦措施，是告訴我們小孩的健康發生了問題。一般來說，6個月到6歲的孩子經常會有發燒的情況。8歲的李小妹已經咳嗽1週，發燒2天，伴隨鼻塞流涕、咳嗽痰多、胸悶痛、飲食差、大便乾硬，高燒在38.2～39.1度之間，爸媽來找我看中醫退燒的可行性。

**診療建議** 我檢查李小妹咽部無紅腫，左肺可聽到細小水泡音，舌質紅，苔薄黃，脈滑數，診斷為「B型流感」。她以前一吃中藥就嘔吐，應該說是聽到要吃中藥就哭鬧，光把脈、問診、看喉嚨就折騰好一會兒，所以請爸媽貼「柴胡退熱敷」試試看。**於頸肩交接處的脊椎二側大椎、肺俞、風門穴敷貼2～3小時**，體溫已降至37.5～38.3度；雖仍發燒，**但最重要是精神、食慾都慢慢變好**。再睡半天，隔晚就降至37.1～37.8度，胃口、精神、排便都維持良好，咳嗽、卡痰、鼻涕也變少。

一般而言，醫院是給口服或注射的解熱陣痛劑，但容易存在過重、冒虛汗效應，半衰期短，病情易變成咳嗽、胸悶、煩燥等病邪入裡等不良反應。藥雖然對外感發熱有標本兼治之效，但嬰幼兒、孩童服用傳統中藥有一定的困難，故我建議用「小兒退熱貼」外敷臍部或背部治療外感發熱。它的主要作用為物理降溫，常用中藥物配方：金銀花、梔子、薄荷、冰片來辛涼解表，疏散風熱，清熱止痛。

發炎痠痛

# 富貴手 ↓ 藥妝帖14 紫雲膏

適用症狀
手部搔癢
龜裂出血

手部若時常接觸化學性清潔劑，皮膚上的保護性油脂會被去除，致使增加皮膚的通透性，長期下來，便開始出現乾燥、粗糙、脫屑，甚至伴隨搔癢、龜裂、出血等症狀，這些都屬於「富貴手」的表徵。

「富貴手」患者的**皮膚角質層已遭破壞**，若再使用含有化學成份的洗手乳、護手霜等用品，易導致症狀加重。建議患者減少碰水和化學物質的次數，或戴手套以避免化學物質直接接觸皮膚。另外，每天要勤擦天然成份的護手用品，以加強皮膚保水度，改善症狀。

## 紫草兼具治療、保養皮膚功效

**「紫草」富含尿囊素，可化腐生肌、促進細胞再生**，並能治療濕疹、潰爛等皮膚問題；還具有抗菌、抗老功效。它的親膚性保濕成份，可改善角質化的肌膚，給予滋潤度，是最天然的護膚藥材。

# 紫雲膏 STEP BY STEP 這樣做！

## 工具

- 不鏽鋼鍋……1個
- 網狀過濾勺……1個
- 攪拌棒……1支
- 食品用溫度計……1支
- 密封玻璃罐……1個

## 材料

❶ 當歸……30克
❷ 紫草……15克
❸ 麻油……200毫升
❹ 蜜蠟……36克

## 作法

### 1 浸泡材料
當歸、紫草、麻油入鍋浸泡1天。

### 2 小火酥炸
用小火將藥材炸到乾酥。

### 3 濾出汁液
用過濾勺撈起材料，濾汁。

### 4 加入蜜蠟
於汁中加入蜜蠟繼續煮。

### 5 攪至融化
用攪拌棒將汁液和蜜蠟攪至完全融化。

### 6 趁熱裝罐
待降溫至85度倒入玻璃罐。

羅醫師小叮嚀！

製作天然「紫雲膏」，藥材以小火酥炸時，不要焦掉。做完要趁藥液還沒冷掉變固體前，抓緊時機倒入玻璃罐。雙手擦上紫雲膏後，不要用過熱的水、或使用含化學成份的洗手乳洗手。

**【使用說明】** 先以溫水或暖暖包將雙手溫度提高，雙手再均勻塗抹「紫雲膏」。早晚各1次。

**【保存方式】** 將「紫雲膏」放入玻璃罐密封保存，常溫置於乾燥陰涼處。

**【保存期限】** 14日。

# 3個月改善髮姐7年富貴手，紫雲膏終結反覆皮膚病。

**患者主訴**

40歲的趙女士從事美容美髮工作7年，雙掌不時泛發小水泡，搔癢抓傷後形成龜裂、結痂、鱗狀脫屑。每次發作前感覺手掌腫脹，繼而出現新的水泡，偶爾伴有針刺樣疼痛。**每逢經期、情緒波動時加重，春夏也加重**，秋冬則減輕，多年來反覆不休。

**診療建議**

「富貴手」是真菌類感染手掌表皮，是一種屬於淺部感染性的皮膚病，常見於免疫力低下的人。一般有**單側發病、病程長、纏綿難癒、反覆發作的特點**。中醫稱富貴手為「鵝掌風」，一般認為是由外感風寒濕熱鬱積皮膚，或相互接觸、病邪相稱而病。且濕熱毒邪化燥，傷及陰血，皮膚失潤，以致角質層增厚破裂，形如鵝掌。

趙女士就診時，雙手掌皮膚粗糙，尤其右手掌自然皺紋加深、龜裂、常感疼痛，並延至第2、3手指，角質層增厚，皮屑鱗片剝脫，如樹皮狀，觸摸粗澀。她多年來用過多種中西藥物內服外洗，效果時好時壞。我檢查她：舌質紅，苔薄黃膩，脈弦細。證屬肝腎不足，血燥生風。治宜滋陰養血、涼血祛風、清熱祛濕。除了調理內服中藥外，我建議她每日多擦「紫雲膏」。前後約3個月，她雙手皰疹全消，未出現新水泡，搔癢消退；龜裂部位長出的新肉與周圍皮膚融合平復，結痂脫落；手背上皮疹也消退，手掌皮膚變得柔嫩光滑。

# 異位性皮膚炎

↓

## 藥妝帖15 蒼朮止癢液

適用症狀
過敏性濕疹
慢性皮膚炎

「異位性皮膚炎」屬於遺傳性過敏性濕疹，多起始於嬰幼兒階段。如有良好治療，部份患者在青春期時會痊癒；但也有人終身都難以擺脫，**進而出現過敏性鼻炎、氣喘等症狀**。

異位性皮膚炎的皮脂腺機能差，容易乾癢，癢到難受；皮膚有紅疹、水泡、毛囊角化或魚鱗癬現象。若搔抓患處，易引發細菌感染，甚至流膿。目前治療的方式，採取**「能外用藥，不予口服藥」**原則，以此減少因系統用藥所致，全身毒副作用發生的機率。建議用天然的中藥止癢液，控制炎症、減緩搔癢不適。

### 蒼朮抑菌消炎，解決最苦惱的搔癢

「蒼朮」為菊科植物，它的燥性強，具有燥濕健脾、抑菌消炎功效。**將「蒼朮止癢液」在患處進行薰蒸、淋洗**，可解決異位性皮膚炎最痛苦的搔癢，兼預防脫皮。

# 蒼朮止癢液 STEP BY STEP 這樣做！

## 工具

- 不鏽鋼鍋……1個
- 網狀過濾勺……1個
- 大塑膠量杯……1個
- 密封玻璃罐……1個

## 材料

❶ 蒼朮……15克
❷ 當歸……15克
❸ 黃芩……15克
❹ 桑白皮……15克
❺ 蒲公英……15克
❻ 防風……15克
❼ 純水……1000毫升

## 作法

### 1 置入藥材

將材料❶～❻放入鍋中。

### 2 加水浸泡

加1000毫升純水，浸泡半小時。

### 3 煎煮藥材

以中火煮至剩500毫升水。

### 4 濾出汁液

用過濾勺撈起材料，濾出汁液。

### 5 放涼裝瓶

待冷卻後，以量杯裝入玻璃罐中即成。

羅醫師小叮嚀！

煎煮藥材時要調整火候，不要煮太乾。建議在治療期間，不要使用「激素類藥膏」；也避免用過熱的水洗澡，才能盡快修復皮膚機能。

**【使用說明】** 使用時，用乾淨的小毛巾沾藥液擦洗患部。

**【保存方式】** 將藥液倒入玻璃罐中，密封冷藏。

**【保存期限】** 7日。

# 異位性皮膚炎沒有特效藥，但漢方擦洗止癢、護膚強。

**患者主訴**

10歲的王小弟自幼全身反覆紅斑丘疹，部分有滲出，時輕時重，搔癢明顯。就診時頭面部、軀幹、四肢伸曲側有丘疹、滲出、糜爛、粗糙脫屑、有抓痕血痂；部分皮損呈苔癬樣變，皮損面積約占體表20％，發癢處手抓個不停。檢查他舌質淡紅，少苔，脈沉細；問診平日好吃甜食、冰品、含糖飲料；母親有慢性鼻炎病史。

**診療建議**

王小弟為「異位性皮膚炎」，辨證為陰虛血燥，肌膚失養；治以滋陰養血，潤燥止癢。我開給外用「蒼朮止癢液」，**每日1～3次以毛巾臉盆藥液擦拭或浸泡**，每帖藥再加水500～1000毫升，可洗2～4次。他連洗14劑後，皮疹癢減輕，鱗屑減少，炎症得以控制，皮損色黯，水泡乾涸，滲出液停止。再洗14劑後，皮損變淡，部分皮損有消退，僅有色素沉著，已基本治癒。

中醫認為「異位性皮膚炎」是先天稟賦不足，由母體遺熱於胎兒「四彎風」相似。一般的治療原則是「能外用藥，不予口服藥」，以此**減少因系統用藥造成全身毒副作用的發生率**。也有人採用「皮質類固醇軟膏」加「皮膚基礎護理」治療，但患者多起病年齡小，病程長，長期間斷使用皮質類固醇可能導致一系列不良反應，包括**皮膚萎縮、萎縮紋、毛細血管擴張，甚至下丘腦——垂體——腎上腺軸抑制**。因此，中醫藥治療本病之療效確切、副作用小、價格低廉等優點，更值得推廣給大家。

發炎痠痛

# 脂漏性皮膚炎

↓

藥妝帖16

## 白蘚皮外洗方

適用症狀
頭臉皮炎
皮屑發癢

中醫認為「脂漏性皮膚炎」是因外感風邪、內蘊濕熱而引起。在頭皮、額頭、鼻翼兩側、耳朵等皮脂分泌較旺盛的部位，都容易產生，皮膚會發紅、脫皮、發癢、掉頭髮，甚至有黃色、油膩的皮屑出現，好發於嬰兒和中老年人。

這種皮膚疾病只能盡量將症狀控制好，避免惡化。需注意的是，**精神壓力大、季節轉換時容易復發**。建議用中藥藥液擦抹或清洗患部，舒緩搔癢感，改善皮膚。平時要保持正常作息、飲食清淡、規律運動，以減少反覆發作機率。

### 白蘚皮止癢又溫和，長期用也安心

「白蘚皮」性質寒涼，可清熱祛濕、解毒止癢，還能治療皮膚過敏、濕疹等症狀。針對「脂漏性皮膚炎」，取白蘚皮搭配其它中藥材製成的外洗方，透過中藥溫和、緩解搔癢不適及乾燥脫屑，溫和的性質可長期使用。

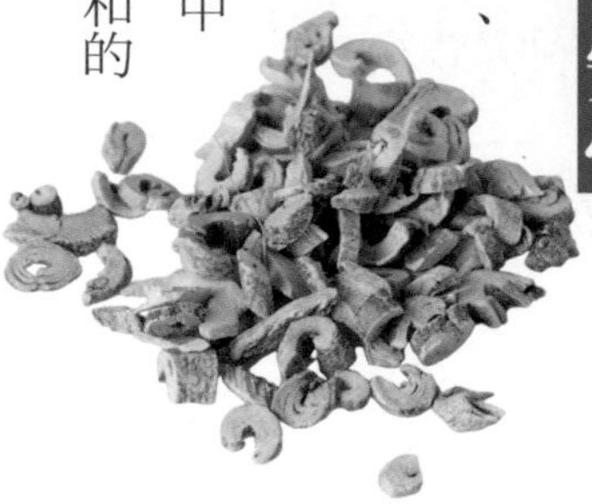

# 白蘚皮外洗方 STEP BY STEP 這樣做！

## 工具

- 不鏽鋼鍋……1個
- 網狀過濾勺……1個
- 密封玻璃罐……1個

## 材料

❶ 白蘚皮……30克
❷ 苦參……15克
❸ 地膚子……15克
❹ 百部……15克
❺ 蛇床子……15克
❻ 純水……1000毫升

## 作法

### 1 置入藥材

將材料❶～❺放入鍋中。

### 2 加入純水

於鍋中加入1000毫升純水。

### 3 中火煎煮

用中火煎煮至剩500毫升水。

### 4 濾出汁液

用過濾勺撈起材料，濾出汁液。

### 5 靜置冷卻

放一旁擱置，待冷卻。

### 6 裝入容器

將汁液用玻璃罐盛裝即成。

羅醫師小叮嚀！

煎煮藥材時要注意火候，不要煮太乾。「脂漏性皮膚炎」患者應避免用鹼性過強的肥皂、或熱水刺激皮膚。同時，飲食的質要控制，盡量不要吃辛辣、煎炸、肥膩、魚腥、酒類以及甜品。

【使用說明】❶使用時以毛巾濕敷於患處10～15分鐘，或取適量直接塗擦於患處也可。早晚各1次。❷連用3天為1個療程。通常患者經2個療程後多可痊癒。

【保存方式】將藥液置於玻璃罐中，密封冷藏。 【保存期限】7日。

# 壓力大讓頭臉老是冒油，中藥液可擦可洗，治皮炎掉髮。

**患者主訴** 施同學就讀高中，課業壓力很大，可是最近他又多了一件煩心事，就是頭皮愛出油，頭髮容易打結黏膩，剛洗過頭也像是沒洗乾淨的樣子，而且容易掉髮。原來他得了「脂漏性皮膚炎」，不僅頭皮皮脂腺分泌增多，頭髮變油，加上皮屑等孢菌感染，就造成了頭皮癢、頭皮屑、掉頭髮等困擾，**連額頭、鼻頭也老是泛油光**。

**診療建議** 皮脂溢出過多，可能與遺傳、精神壓力、內分泌失調、代謝障礙等有關。飲食習慣、維生素B群缺乏、辛辣食物、菸酒等，都可能影響本病的發展。治療上，現代醫學多用「維生素B群、激素類藥物」，效果尚可。但由於本病難以根治，易復發，**長期服用「激素類藥物」副作用大**，病人多不容易接受。

前文提過，中醫稱脂漏性皮膚炎為「面遊風」，認為它是由外感風邪，內蘊濕熱而引起，好發於頭、臉、耳、胸背等，皮脂腺分泌活躍部位的慢性炎症性皮膚病。一般治療有二法：「外治法」以清濕熱止癢排毒為主；「內治法」以滋肝補腎益氣血，培元固本為主。「白蘚皮外洗方」具有收斂之功，祛風除濕、清熱止癢，**能減少皮脂分泌，促進皮損癒合**。

發炎痠痛

# 日光性皮膚炎

↓

藥妝帖17

# 三黃膏

適用症狀
曬傷曬疹
日光性皮膚炎

「日光性皮膚炎」是皮膚經長時間曝曬後，引起的**皮膚急性光熱毒反應，過敏性體質是主要原因**。若又攝食累積多了**有些蔬果所含的感光性物質**（菠菜、薺菜、莧菜、芹菜、茄子、芒果、鳳梨等），此時皮膚經太陽光照射，即易導致代謝障礙而誘發日光性皮膚炎。好發於臉、頸、四肢等外露部位，會發紅發脹、起小疹子，甚至會癢和脫屑。

中醫看此症，是因皮膚腠理不密，「外受暑毒」引起。原則上要為患者**清熱**、**止癢**、**解毒**，再根據患者嚴重程度，個別給予不同藥方診治，以達涼血祛暑之效。

## 黃柏止癢、修復皮膚效果佳

「黃柏」性寒味苦，**入腎**、**膀胱**、**大腸經**，清熱燥濕、瀉火解毒，可治療皮膚炎和濕瘡。以黃柏、大黃、黃芩製作「三黃膏」，佐「蘆薈白肉」能修復、保濕皮膚。

# 三黃膏 STEP BY STEP 這樣做！

## 工具

- 研磨缽、研磨棒……1組
- 網狀過濾勺……1個
- 一般飯碗……1個
- 一般湯匙……1支
- 大塑膠挖棒……1支
- 小塑膠容器盒……1個
- 密封塑膠或玻璃罐1個

## 材料

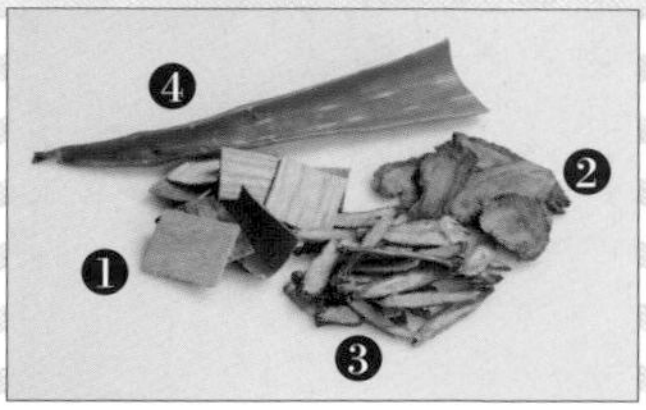


❶ 黃柏……15克
❷ 大黃……15克
❸ 黃芩……15克
❹ 蘆薈白肉……135克

## 作法

### 1 藥材磨成粉

研磨或用電動粉碎機，將材料❶～❸磨成粉。

### 2 細篩過濾

用過濾勺濾出細粉，即可備存。

### 3 壓碎蘆薈肉

要用時取蘆薈肉壓成泥。

### 4 混合藥粉

將蘆薈白肉加入藥粉。

### 5 攪拌均勻

用大塑膠挖棒或攪拌棒攪拌均勻。

### 6 裝入容器

將藥膏裝入塑膠盒即用。

羅醫師小叮嚀！

平時以藥粉保存，需要用時，再取蘆薈肉和藥粉調勻，因為需立即使用，適用於輕度型的日光性皮膚炎。

**【使用說明】**❶將三黃膏均勻塗於患處。❷若屬油性膚質者，也可將上述藥材以水煎煮，用藥液先薰後洗患處，每日薰洗3次，每次20分鐘。❸若症狀嚴重，甚至伴隨噁心、嘔吐、心悸，需立即就醫。

**【保存方式】**將藥粉裝罐密封，常溫置於乾燥陰涼處。藥膏裝盒，冷藏。

**【保存期限】**14日。

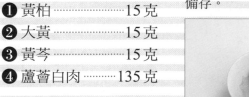

# 熱天南部一遊變花臉關公！多吃蔬果也會出事？

**患者主訴** 大熱天的，32歲的劉小姐數日前去南部旅遊，第一天到了晚上，外露的皮膚出現潮紅癢痛，臉部、頸部尤其嚴重；到了第二天，皮膚紅腫癢痛加劇，直冒紅色丘疹。

**診療建議** 劉小姐的病症是「日光性皮膚炎」，是光敏性皮膚炎的一種，這類病症有3個起因：過敏性體質、紫外線照射、皮膚接觸光敏性物質。「過敏性體質」是根本原因，因為患者血清中有高含量的特殊蛋白質**IgE蛋白**。而要是吃了含有光敏性物質的蔬果，如菠菜、小白菜、芒果、鳳梨、薺菜、莧菜、芹菜、茄子、馬鈴薯等，感光性物質在體內累積到一定濃度時，皮膚又曬到太陽光即會導致代謝障礙而誘發發炎，這類炎症稱為「**蔬菜日光性皮膚炎**」。它常發於愛外出的輕熟女，在吃了蔬果後5～20小時就會發作，臉、手背出現對稱性、瀰漫性水腫，膚質堅實不發紅；嚴重者嘴唇、眼瞼、臉部都腫脹變紫，脖子、前臂也腫起；幾天後，水腫處會出現瘀斑。

中醫看此病是因稟賦不足，皮膚紋理空疏，內因食用過量光敏性蔬果，使蘊濕化熱；外受日光毒熱，內外相應所致。我請劉小姐用「三黃膏」擦於臉部、頸部皮膚，**每日塗擦3次**。**到第3日其紅腫逐漸消退，癢痛減輕**；再連續使用3日，紅腫癢痛完全消失，臉部和頸部皮膚已恢復正常。

發炎痠痛

# 手腳冰冷⬇

藥妝帖18

# 艾草熱敷包

適用症狀
手腳冰冷
胃寒氣虛

手腳冰冷是很多人都有的困擾，中醫認為它有三個主因：一是脾臟功能失調，因「脾主四肢」，脾臟陽虛、寒濕者皆容易四肢冰冷；二是體質虛弱或是高血壓、糖尿病患者，通常伴隨有末梢冰冷、下肢水腫；三是血液無法通暢到四肢者，中醫稱之為「四逆」，多見於有過敏疾病的人。

對個別病症接受中藥或湯劑治療，補足體內的氣；**輔助應用中藥暖暖包溫通經絡**，促進血液流暢到四肢末稍，改善循環，便能有效解決冰冷問題。

## 艾草紅豆暖暖包活氣血、驅寒邪

古人稱「艾草」為「醫草」，它能理氣血、逐寒濕、溫經脈，**內服外治皆可**。用「紅豆」當原料，輔以艾草等中藥材做成暖暖包，可有效驅寒、活絡血路。另外，艾草有特殊精油香味，使用時還能聞到陣陣清香。

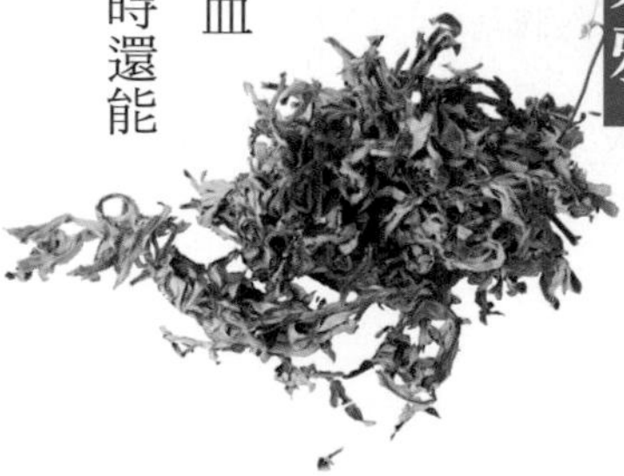

# 艾草熱敷包 STEP BY STEP 這樣做！

## 工具

- 菜刀……………………1把
- 砧板……………………1個
- 附線布袋（9×12公分）1個
- 小湯匙…………………1支

## 材料

❶艾草……………………5克
❷乾薑……………………15克
❸紅豆……………………30克
❹小茴香…………………10克

## 作法

### 1 切碎藥材

將艾草、乾薑切碎。

### 2 紅豆入袋

把紅豆放入小布袋內。

### 3 藥材入袋

用湯匙取艾草、乾薑、小茴香入袋。

### 4 綁緊袋口

把藥袋用袋口的線綁緊。

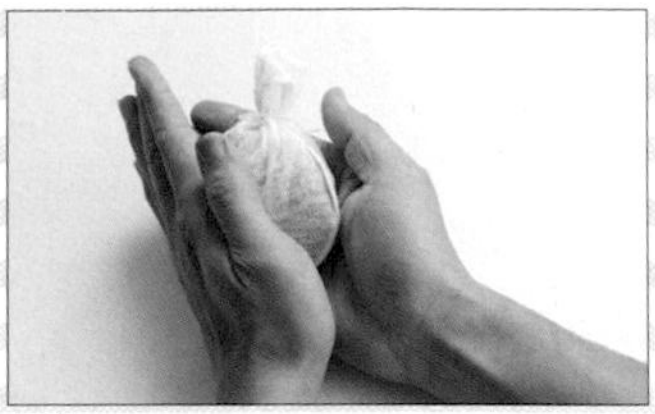

### 5 搓揉均勻

搓勻藥袋內所有素材即成。

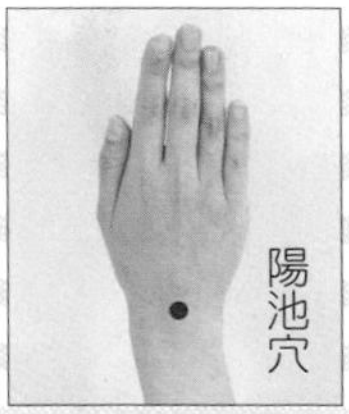

羅醫師小叮嚀！

藉由熱敷包（暖暖包）可溫通經絡。也可敷或按壓於手背和手腕交接處「陽池穴」，它是支配全身血液循環及荷爾蒙分泌的要穴。

【使用說明】❶將艾草熱敷包放入微波爐中低溫加熱2分鐘，取出後以手試溫度，以皮膚不被燙傷為宜，再敷在冰冷或疼痛處。
❷皮膚有紅腫熱痛時不可熱敷。

【保存方式】❶將艾草熱敷包置於乾燥陰涼處，常溫放置。
❷未用時，可藉陽光曝曬消毒。 【保存期限】14日。

# 自製暖暖包、多按陽池穴，阿姊拚經濟也要顧健康。

**患者主訴** 去年秋天，有位50多歲的女士來看診，她是賣服飾的攤販，一年四季都辛苦在外邊打拚。但不知為何，一到天冷就感覺到腳底發冷，無論穿上多厚的襪子也溫暖不起來；尤其台北那幾個月都特別冷，實在很難面帶笑容向顧客賣貨服務。她想自己是**「冷底型」體質**，找過中醫調理；中醫師說，手腳容易冰冷，多是屬於氣血兩虛，血循不暢、血液量減少，所謂腎氣不足，開給她中藥調養身體。但大姊拚經濟忙過於顧健康，藥方時服時停，效果不彰。

**診療建議** 根據統計，每2位女性中，就有1位患有「手腳發冷症」。**手腳冰涼是脾腎虛寒的表現**，先天體質和後天生活習慣都是原因。另外，中醫還有一例叫「四逆」，「四」是四肢末梢，「逆」是厥冷；指因為血液循環不能暢達手腳末梢，**血氧供應不足而導致的肢體寒冷**。這些情況中醫藉由熱敷體表上的穴位（如肚臍左右側各3指寬處的「天樞穴」），滲透皮膚，透過經絡的傳導，可扶正祛邪，溫經散寒，調暢臟腑氣血。

臨床上，每到入秋到冬季期間，總有大批女性患者到診所來看手腳冰冷。我鼓勵這位賣衣服大姊DIY自製「艾草熱敷包」，敷於冰冷或疼痛部位，對改善手腳冰冷的效果特別明顯。另外，多按壓手背手腕上順著中指下來的「陽池穴」，也可迅速促進血液循環，溫暖手腳。

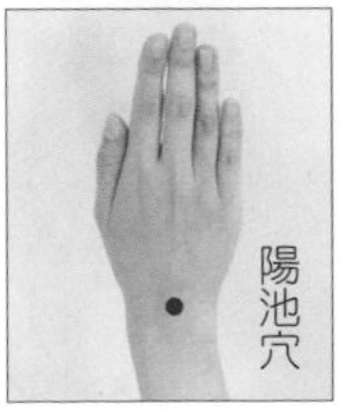

發炎痠痛

# 身體痠痛

↓

藥妝帖19

# 紅花痠痛貼布

中醫說五勞致五傷：「久視傷血、久臥傷氣、久坐傷肌、久行傷筋、久立傷骨。」這清楚提醒現代人，**「久坐、運動少」是身體痠痛的原因**。若加上姿勢不正確，痠痛會更明顯，甚至會造成骨刺、骨盆歪斜。

身體痠痛是由於氣滯血瘀，經絡氣血不通暢、受到阻滯而致。痠痛的時間一長，會造成氣血虛，間接使筋肉萎縮退化，痠痛越發嚴重。遵循中醫**「通則不痛」理論，利用中藥外敷「祛瘀活血」**，達到疏經通絡、消腫散結、化瘀止痛的目的。

## 紅花可改善氣血瘀滯，活血通經

「紅花」可活血祛瘀、溫經止痛。利用紅花搭配其它中藥材製成的痠痛貼布，**外敷可有效改善局部氣血，使之運行通暢**。氣血通暢後，痠痛部位便會逐漸好轉，筋骨也會變得更有力。

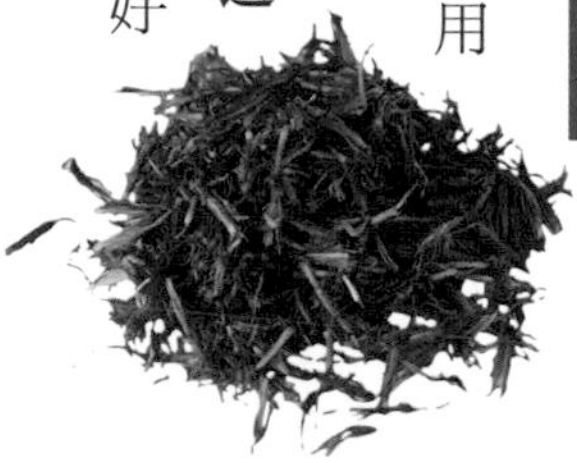

適用症狀
筋肉痠痛
久坐去瘀

# 紅花痠痛貼布 STEP BY STEP 這樣做！

## 工具

- 研磨缽、研磨棒⋯⋯1組
- 網狀過濾勺⋯⋯1個
- 小碗⋯⋯1個
- 大塑膠挖勺⋯⋯1支
- 不織布⋯⋯數塊
- 密封塑膠或玻璃罐1個

## 材料

❶ 紅花⋯⋯20克
❷ 骨碎補⋯⋯20克
❸ 桂枝⋯⋯5克
❹ 羌活⋯⋯5克
❺ 細辛⋯⋯5克
❻ 木瓜⋯⋯5克
❼ 白酒⋯⋯80毫升

## 作法

**1 磨藥材成粉**
研磨或用電動粉碎機，將材料❶～❻磨成粉。

**2 細篩過濾**
用網狀過濾勺濾出細粉於小碗中。

**3 加入白酒**
於碗中加入80毫升白酒。

**4 攪勻成膏狀**
用大挖勺或攪拌棒充份攪拌均勻。

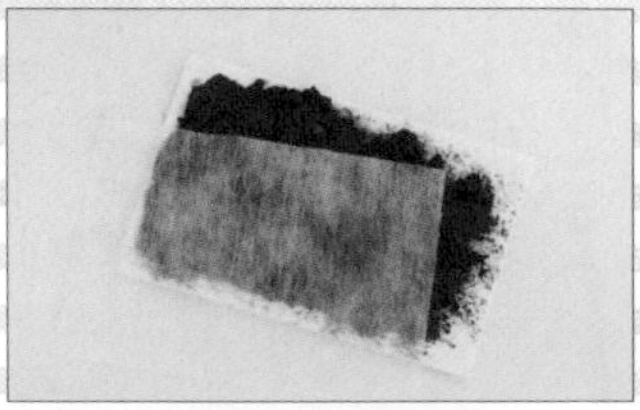

**5 塗布上使用**
將藥膏塗勻在不織布上即可使用。

**6 剩餘裝罐**
未用完的裝入罐中保存。

**羅醫師小叮嚀！**

製作時，材料「白酒」可用「米酒或高粱酒」替代。把「紅花痠痛貼布」敷貼在後頸肩中心點「大椎穴」，可消除痠痛、保健強壯；敷貼膝蓋兩側的「膝眼穴」，可活血通絡，疏利關節。

**【使用說明】**❶先試抹藥膏於上臂內側做過敏測試，若皮膚紅腫勿用。❷有傷口處勿用。❸將貼布敷貼於痠痛處2～4小時即撕下。

**【保存方式】**未用完的藥膏置於塑膠或玻璃罐中，密封冷藏。

**【保存期限】**7日。

# 中藥貼布活血化瘀，跌倒損傷、風寒濕邪都有效。

**患者主訴**

**彭大哥**搬重物扭傷腰，連咳嗽都會痛；經照X光片腰椎骨質正常，診為腰肌急性扭傷，雙側腰肌緊張，有明顯壓痛，所幸下肢行動正常。**張媽媽**年輕時在冷凍庫工作，常年處在寒濕環境，導致膝關節退化越來越嚴重，冬天膝痛更加劇。**47歲的曹女士**5年前因受寒濕而導致肢體關節腫痛，陰雨天還會更痛苦；不久前這老毛病又發作，但不知道為什麼這次特別痛……？

**診療建議**

中醫認為，「**風寒濕邪**（**痹證**）」和「**跌撲損傷**」**都是痠痛的主因**；包含本單元文首所提到的「五勞之傷」，即現代人久坐、少運動、喜好冰飲和冷氣，以及受風、寒、濕、熱等外邪侵襲所致。故在治療上應顧及活血化瘀，溫通血脈，舒筋活絡，祛風除濕，消腫止痛。

以上案例我開予外敷「紅花痠痛貼布」，每天1貼，每療程7天，經過1～3療程都能獲得改善。此貼布不但通經活絡、消腫止痛，也適用於肝腎不足、氣滯血瘀、經絡痹阻引起的各種「**退行性骨關節痛、腰肌勞損**」等，以中藥外敷也近日見效，可說是現代人治痠解痛極為方便、經濟、又有效的隨身法寶。

發炎痠痛

# 肌膚乾癢

↓

藥妝帖20

# 當歸止癢清洗劑

適用症狀
皮膚乾癢
脫屑乾癬

皮膚容易乾癢，或到了冬天，血管處於收縮狀態，皮脂分泌減少，循環變得較差，皮膚就更乾癢、粗糙，這通常是**因氣血不足，寒氣在體內潛藏，皮膚得不到氣血的滋養**，便易出現乾裂；若加上氣候乾冷、作息不正常、喜食辛燥物，會使皮膚乾癢症狀更嚴重，甚至有脫屑情形。

藉由內在調理體質，搭配用中藥外洗劑，可達到修復、調理、止癢效果。也提醒皮膚容易乾癢者，**洗澡水溫不要過燙**，也不要使用含化學成份的沐浴品，避免將皮膚本身的油脂洗掉。

## 當歸可調理膚質，改善惱人乾癢

「當歸」本身有補血、活血功效，可活絡氣血的循環，藉以給皮膚滋潤，提升皮膚的防禦力，回復皮膚機能。搭配「薄荷」等中藥材製作洗劑，可疏風清熱、解決皮膚發癢困擾。

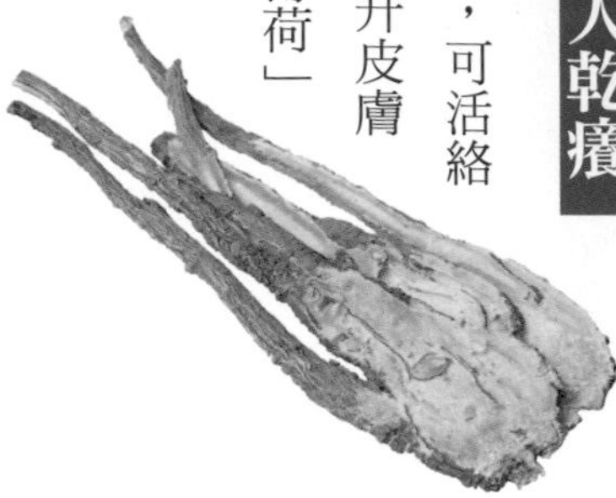

# 當歸止癢清洗劑 STEP BY STEP 這樣做！

## 工具

- 不鏽鋼鍋……1個
- 網狀過濾勺……1個
- 密封玻璃罐……1個

## 材料

❶ 當歸……50克
❷ 乾薄荷葉……35克
❸ 地膚子……40克
❹ 甘草……10克
❺ 純水……1000毫升

## 作法

### 1 置入藥材

將材料❶～❹放入鍋中。

### 2 加入純水

加入純水1000毫升。

### 3 中火煎煮

用中火煎煮剩500毫升水。

### 4 濾出汁液

用過濾勺撈起藥材，濾出汁液。

### 5 放涼裝罐

待汁液稍冷卻後，裝入玻璃罐。

**羅醫師小叮嚀！**

若皮膚癢得難耐，建議輕輕拍打，或用冷水濕敷，避免搔抓。平時要注意皮膚的保濕護理，也要舒緩工作或心理壓力，更忌食辛辣刺激物。經過一段時間調養，皮膚潤澤了，搔癢感便消失。

**【使用說明】** ❶用小毛巾沾「當歸止癢清洗劑」，濕敷於患處。每日1次，每次30分鐘，再用清水沖洗。10天為1個療程，做1～3個療程。❷皮膚有外傷、化膿者不宜用外洗方。

**【保存方式】** 將藥劑置於玻璃罐中，密封冷藏。 **【保存期限】** 7日。

# 乾癢別亂擦抗生素、類固醇，中藥洗敷劑止癢又保濕。

**患者主訴**

59歲的蔡女士，無接觸其它過敏源史，然近4個月全身肌膚乾癢，症狀因勞累日益加重，入夜發癢更甚，皮膚和口舌都覺乾燥，大便也乾硬難解，蹲廁很久。因考量有糖尿病史17年，固定要服降血糖藥，所以她希望以中醫外治法治療乾癢困擾。

**診療建議**

根據多年臨床觀察，我發現中醫外用在治療皮膚搔癢病上效果良好。中醫認為肌膚乾癢起於年老體衰，肝腎精虧，氣血不足，血不榮養肌膚，或風濕熱邪鬱於肌膚不得疏泄而致；與現代醫學認為老年人皮脂腺萎縮、分泌減少、脫水和皮膚損傷所致的觀點同理一致。

我請蔡女士在家浸洗濕敷「當歸止癢清洗劑」，把浴缸或浴桶清洗消毒後，放入溫水，倒入中藥浴液，**調整藥液溫度為34～37度**（不可太燙），將全身浸泡在藥液中（頭部除外），慢慢地浸洗。她使用30多天後，胸腹、四肢的肌膚乾癢都改善許多，已經消減到可忍受的範圍內，晚上終於可以一覺到天亮。

「當歸止癢清洗劑」配製簡單，使用方便，幾乎所有的患者都適用也接受，也沒有毒副作用；當他們考慮使用有保濕、止癢效果的外用藥時，通常也會考慮中醫院自製的外用藥，效果不錯，而且不含類固醇。畢竟，一般的口服抗過敏藥雖有一定療效，但不能徹底解決搔癢問題。

目前醫界的研究認為，炎症介質中的「組織胺」是引起我們「癢」和「痛覺」的主要物質；「抗組織胺藥」（抗過敏藥）就是很多人拿來當作止癢藥用。它雖然對由組織胺致癢的過敏性皮膚病有較好的止癢作用，但對其它如肌膚乾癢引起的搔癢，就沒有明顯的止癢作用。

因此，切莫把「抗組織胺藥」當「止癢藥」來吃；也不要皮膚有大癢小癢，反正「萬用藥膏」擦了再說。**因為肌膚乾癢並不是由「感染」或「過敏」引起的，用一些抗生素或激素類藥膏根本沒有用，甚至可能會引起不良反應。**患了肌膚乾癢應該先去看醫生，了解病因是用藥物治療，還是只需要生活調節，要由醫生來診斷。

通常，「肌膚乾癢」很愛找老人家的碴。老年人因皮膚衰老，皮脂腺萎縮，皮脂分泌減少；加上活動少，局部血循差，汗腺皮脂分泌功能減弱，自然皮膚較易缺水。特別每到秋末冬初，皮膚乾癢症的人就會多起來；患者會自覺皮膚乾癢，表皮看起來好好的，沒有起疹子，也沒有發紅，主因就是皮膚變乾所以發癢，就開始拚命抓不停。搔抓不但會讓皮膚破損，容易發生感染，而且長期反覆搔抓會讓該處皮膚變厚、變粗，局部的感覺神經因反覆受刺激，反而更加興奮、敏感，使症狀變得更嚴重，深陷於越癢越抓、越抓越癢的惡性循環中。

所以在秋冬季節，建議皮膚乾癢者和老年人，**不要洗澡洗太勤快，更不要用過熱的水泡澡，也不要用毛巾、肥皂用力搓澡**。因為這樣會洗掉皮膚表面的「脂膜」，加重皮膚乾燥問題，誘發乾癢症狀。每次洗完澡後，在經常感覺搔癢的部位，適當塗抹含少量油脂的天然潤膚膏或乳液，這樣能有效減輕搔癢困擾。

發炎痠痛

# 蚊蟲叮癢

↓

藥妝帖21

# 雙草止癢酊

台灣氣候溫暖潮濕，尤其夏天蚊蟲活動頻繁，又熱天多穿短袖，皮膚暴露在外的面積較多，因此被蚊蟲叮咬的機率非常高。被叮咬後的皮膚會出現紅腫斑塊，既痛又癢，中醫辨證屬熱毒蘊結、氣血壅滯。

市售的「防蚊液」部份有添加化合物，**會誘發過敏**，**小孩使用更讓人擔心**。建議在從事戶外活動前，噴上漢方天然藥材製作的止癢酊，既可防蚊蟲咬，又能避免皮膚過敏。**已經中獎被叮咬者，擦止癢酊也能消炎、止癢，避免抓破皮造成感染**。

## 雙草消炎、滋潤皮膚，效果加倍

**「白花蛇舌草」**有清熱解毒、抗炎之效。另搭配**「紫草」**等中藥材做成雙草止癢酊，可幫發炎肌膚鎮定、滋潤，溫和不刺激，紫草還可改善各種皮膚症狀，**全家大小都適用**。

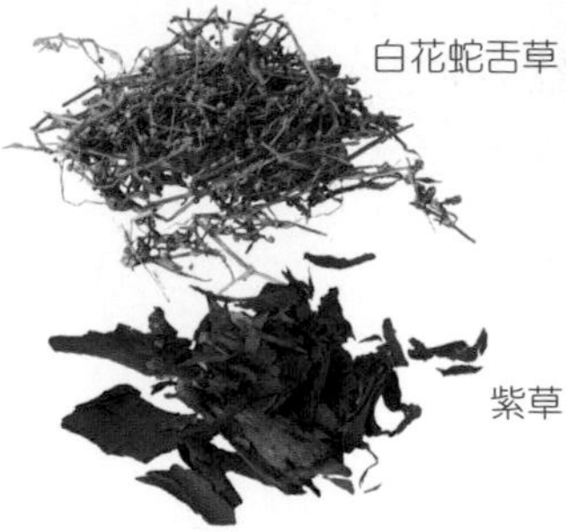

適用症狀
蚊子叮癢
蟲咬紅腫

# 雙草止癢酊 STEP BY STEP 這樣做！

## 工具

- 密封玻璃罐……………1個
- 大碗……………………1個
- 網狀過濾勺……………1個

## 材料

❶ 白花蛇舌草………15克
❷ 紫草………………15克
❸ 黃柏………………15克
❹ 苦參………………15克
❺ 高粱酒………600毫升

## 作法

### 1 藥材裝罐

將白花蛇舌草、紫草、黃柏、苦參放入玻璃罐中。

### 2 泡酒3天

將高粱酒倒入罐中，密封靜置，浸泡3天。

### 3 濾出汁液

用過濾勺將材料撈起，濾出汁液即可擦抹皮膚。

### 4 冷藏保存

將未用完的汁液裝入玻璃罐即完成。

**羅醫師小叮嚀！**

剛被蚊蟲叮咬時，在還沒形成膿包前，先用「淡鹽水」清洗蟲咬部位，再用「雙草止癢酊」塗擦，每日2～3 次，直到皮疹消退。建議止癢酊可用小噴霧瓶分裝，方便外出噴用。

**【使用說明】** ❶皮膚易過敏者，使用前先擦少量藥液在上臂內側測試。
❷被叮咬時，倒適量擦拭患處；或出門前噴在皮膚外露處。

**【保存方式】** 將藥液倒入玻璃罐中，密封冷藏。

**【保存期限】** 7日。

# 被蚊蟲咬傷1週都沒好，原來是爸媽塗錯抗敏藥膏。

**患者主訴** 每到夏天，戶外開放空間就容易滋生蚊蟲，一旦被咬到，皮膚往往出現紅腫斑塊，既痛且癢，抵抗力弱又愛亂抓的小朋友還可能引起**蟲咬皮膚炎，導致皮膚感染等**。

12歲的蔡小弟雙腿被蚊蟲叮咬，導致丘疹樣的多處團疹、搔癢，搔抓則溢出分泌物，甚至起水泡，**家長逕自到藥房買「抗敏藥膏」**，塗抹了1星期都未見好轉。

**診療建議** 蔡小弟為「蟲咬性皮膚炎」；中醫辨證屬熱毒蘊結、氣血壅滯。中醫對蚊蟲叮咬後局部紅腫的處理方法很多，目的是解毒消腫、止癢、止痛，防止各種併發症的發生。

我開予外用方「雙草止癢酊」（白花蛇舌草、紫草等中草藥合製）擦洗，**先用生理食鹽水將叮咬處清洗乾淨，再塗擦藥液**，每日2~3次，連用3~7天。治療2天後，搔癢即止，分泌物也減少；3天後，丘疹結痂；1週後就痊癒，兩腿不再像紅豆冰那樣斑斑點點。我建議他下次又被蚊蟲叮咬，局部紅、腫、熱、痛，馬上擦「雙草止癢酊」，可很快消腫、止癢、止痛，因為方便、有效又天然，連小朋友都可以自己擦用。

# 褥瘡 ↓ 藥妝帖22 紫草潤膚膏

「褥瘡」是因大病久臥床席、不能翻身，長期受壓，氣血運行受阻，氣滯血瘀，致使肌肉、皮膚、筋脈失於溫煦濡養而成。起初會有紅腫、熱、刺痛感，接著患部呈現紫紅色，潰瘍面漸漸擴大，出現腐肉膿血等感染症狀；**嚴重情況會深達骨骼，不易治癒，甚至併發敗血症**，危及生命。

一旦罹患褥瘡，即需長時間治療。因此要從預防做起，減少造成局部皮膚壓力，**適時按摩促進血液循環**，搭配中藥潤膚膏，可使受傷的皮膚復原、舒緩疼痛感。

## 紫草可化膿止瘍，促進傷口癒合

治療褥瘡宜清熱祛濕、活血涼血、排膿生肌，從而達到癒合目的。「紫草」可促進傷口癒合，並有消炎、止痛、抗菌之效，**改善皮膚局部循環不良、化膿止瘍，兼有滋潤皮膚功能**。

適用症狀
久臥膚爛
腐肉膿血

發炎痠痛

# 水痘 ⬇ 藥妝帖23 金銀花止癢液

「水痘」是由帶狀皰疹病毒引起，傳染性相當強，**6個月~3歲的嬰幼兒最易感染，好發於冬、春二季**。雖然水痘只要人體有發過疹就不會再感染；但由於病毒是潛伏在體內的，若身體狀況變得較差或處於老年階段，**病毒依舊可能活化，引發皰疹**。

中醫認為水痘屬於風熱輕證，外感邪毒，內有濕濁蘊鬱於脾肺，內外相搏以致透發於肌表。因此建議使用天然中藥製成的藥液，疏風清熱、透疹解毒、止癢，避免抓破水泡，造成皮膚的感染或其它併發症。

## 金銀花治皮膚出疹、發斑等熱性病

「金銀花」性味甘、寒，具有清熱解毒之效，**用於各種熱性病，如皮膚出疹、發斑、皮膚腫痛等症狀**，效果顯著。搭配「連翹、甘草」等中藥材製成的金銀花止癢液，可解毒除濕、抑菌消炎。

適用症狀
水痘水泡
皰疹發癢

# 金銀花止癢液 STEP BY STEP 這樣做！

## 工具

- 不鏽鋼鍋……………1個
- 網狀過濾勺…………1個
- 密封塑膠瓶…………1個

## 材料

❶ 金銀花……………15克
❷ 連翹………………15克
❸ 土茯苓……………15克
❹ 黃柏………………15克
❺ 甘草………………6克
❻ 純水…………1000毫升

## 作法

**1 置入藥材**

將材料❶～❺放入鍋中。

**2 加水浸泡**

倒入1000毫升純水，浸泡半小時。

**3 中火煎煮**

以中火煎煮剩500毫升水。

**4 濾出汁液**

用過濾勺撈起材料，濾出汁液。

**5 放冷裝瓶**

待冷卻後，裝入塑膠瓶即完成。

**羅醫師小叮嚀！**

「水痘」除了用口服藥治療，針對皮膚搔癢，用中藥外治法止癢效果佳，用藥液擦患部可獲改善。自製時留心火候大小，才不會煮太乾。也要維持皮膚的清潔、衣服日曬消毒、室內通風。

**【使用說明】** ❶用乾淨小毛巾沾藥液擦洗患部。每日3次。
❷若傷口有感染風險，應速就醫。

**【保存方式】** 將冷卻的藥液置入塑膠瓶中，密封冷藏。

**【保存期限】** 7日。

# 三伏貼 STEP BY STEP 這樣做！

## 工具

- 研磨缽、研磨棒……1組
- 小量杯……1個
- 一般飯碗……2個
- 小湯匙……1支
- 不織布……數片

## 材料

| | |
|---|---|
| ❶白芥子 | 5克 |
| ❷延胡索 | 20克 |
| ❸白芷 | 20克 |
| ❹甘遂 | 5克 |
| ❺細辛 | 10克 |
| ❻甘草 | 10克 |
| ❼生薑 | 100克 |

## 作法

### 1 置入藥材

將材料❶～❻放入缽中。

### 2 磨成粉狀

將藥材磨成粉，倒入碗中備用。

### 3 擠生薑汁

生薑洗淨，搗碎擠汁60c.c.。

### 4 加入藥粉

將生薑汁倒入藥粉中。

### 5 調成膏狀

以小湯匙攪拌調勻至膏狀。

### 6 做小藥餅即用

搓揉成5元硬幣大小藥餅，在不織布上壓扁使用。

**羅醫師小叮嚀！**

「三伏貼」製作好後要立即使用。敷貼前先清潔皮膚，敷於背部脊椎督脈「大椎、百勞、風門、肺俞、膏肓穴」，可改善氣管問題，夏季用效果最佳。

**【使用說明】** ❶將三伏貼貼敷於想貼的穴位，15歲以下貼1～2小時，15歲以上貼2～4小時。❷若有燒灼、紅腫疼痛感可提前取下。❸每10天敷貼1次，每個月貼3次。❹若懷孕、嚴重皮膚過敏、發燒、嘔吐等切忌使用。

# 冬病夏防，已病治病，三伏貼對穴位治各種過敏。

**患者主訴** 27歲的許小姐一次感冒引發鼻炎咳嗽，吃中西藥後外感症狀消除，但咳嗽、打噴嚏一直沒好，3年來常常感冒。醫院診斷為「慢性咽喉炎」、「過敏性鼻炎」，多次用抗生素都未見效，**每遇感冒、受涼或變天就會誘發，冬天還更嚴重**，每年發作達10次以上。我檢查其舌淡紅，苔薄白，脈細弱。

**診療建議** 許小姐辨證屬肺氣虧虛，清竅不利。我開給「初伏、中伏、末伏」敷貼三伏灸膏治療（10天貼1次，每月貼3次），每次2~4小時取下，療程2個月，其後1年中她只感冒過1次。醫界研究顯示，**貼藥能提高人體細胞和體液免疫能力，改善「腦部下視丘——腦下垂體——腎上腺皮質系統」的分泌功能**，使在秋冬寒冷造成犯病前，趕緊調節身體的免疫機能。臨床也證實，經過「冬病夏治」的療法，在藥物與經絡穴位的雙重作用下，可達到緩解過敏的目的。

中醫歷代醫家推崇「春夏養陽」、「冬病夏治」，已病治病，未病先防，擬用藥膏外敷，**可治寒性慢性的氣喘、咳嗽、過敏性鼻炎、異位性皮膚炎、容易感冒等過敏體質**。而「三伏灸」為天灸的一種，「天灸療法」最早記載于南北朝《荊楚歲時記》，根據「內病外治」原則，用中草藥貼於相應的穴位上，對穴位起物理刺激作用，通過血循和經脈運作，直達病所或調節臟腑功能。

腿腳問題

# 香港腳 ↓ 中藥外用粉

藥妝帖27

「香港腳不是病，癢起來真要命！」患者常這樣跟我說。台灣氣候炎熱潮濕，加上如果你**長時間穿不透氣的鞋子，或容易流腳汗**，熱氣加上潮濕環境，真菌就容易滋生。開始時在腳趾、腳底、腳側出現脫皮、鱗屑和小水泡，伴隨發癢、灼熱感；嚴重的腳底皮膚甚至會變粗、硬化，或發出刺鼻臭味。

香港腳又叫「足癬」，中醫認為是濕熱之毒所致，治療多以外用藥為主，用天然的中藥外用粉祛除濕熱症狀。平時**要讓足部保持乾燥、通風，阻隔黴菌蔓延**。

## 3天見效！甘草收濕、止癢、祛臭

「甘草」對皮膚疾症，如皮疹、蕁麻疹、皮膚瘙癢、皮膚潰瘍，都有很好的治癒效果。它兼具止癢作用，可改善奇癢無比的香港腳。搭配其它中藥材製成的外用粉，用藥3天即可達到收濕止癢、祛臭之效。

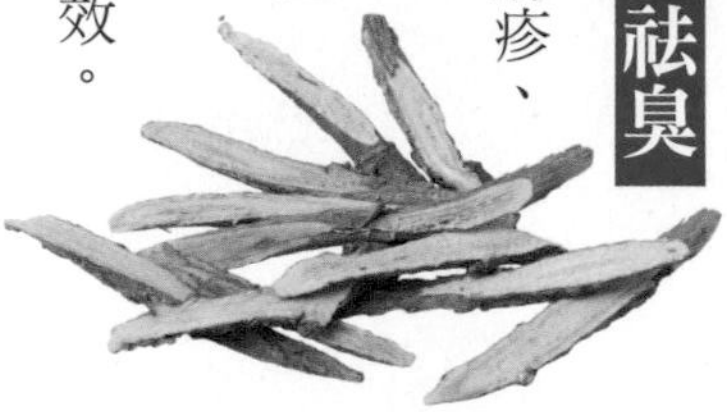

適用症狀
香港腳
腳氣腳汗

第
擴香石 × 托盤 × 燭台 × 花器
30款簡單的美感生活小物

作者／楊語蕎　定價／499元　出版社／蘋果屋

韓國超人氣課程，不藏私公開！用石膏粉輕鬆模擬大理石、水磨石、奶油霜，做出30種時尚到復古的超質感設計！

## 毛茸茸的戳戳繡入門

NEW

**紓壓療癒！從杯墊、迷你地毯到抱枕，**
**只要3種針法就能做出28款生活小物**
**（內附圖案紙型）**

作者／權禮智　定價／520元　出版社／蘋果屋

第一本戳戳繡（Punch Needle Embroidery）技法入門書！神祕黑貓迷你地毯、軟綿綿雲朵鏡框、蝴蝶拼色杯墊……只需一支戳針、一球毛線，反覆戳刺就能完成好看又實用的家飾品。

## 法式繩結編織入門全圖解

NEW

**用8種基礎繩結聯合原石、串珠，**
**設計出21款風格手環、戒指、項鍊、耳環**
**（附QR碼教學影片）**

作者／金高恩　定價／550元　出版社／蘋果屋

韓國編織達人的繩結技巧大公開！全步驟定格拆解＋實作示範影片，以平結、斜捲結、輪結等8種基礎編法，做出風格各異、俐落百搭的項鍊、戒指、手環飾品。

## 【全圖解】初學者の鉤織入門BOOK

暢銷

**只要9種鉤針編織法就能完成**
**23款實用又可愛的生活小物**（附QR code教學影片）

作者／金倫廷　定價／450元　出版社／蘋果屋

韓國各大企業、百貨、手作刊物競相邀約開課與合作，被稱為「鉤織老師們的老師」、人氣NO.1的露西老師，集結多年豐富教學經驗，以初學者角度設計的鉤織基礎書，讓你一邊學習編織技巧，一邊就做出可愛又實用的風格小物！

## 真正用得到！基礎縫紉書

暢銷

**手縫 × 機縫 × 刺繡一次學會**
**在家就能修改衣褲、製作托特包等風格小物**

作者／羽田美香、加藤優香　定價／380元　出版社／蘋果屋

專為初學者設計，帶你從零開始熟習材料、打好基礎到精通活用！自己完成各式生活衣物縫補、手作出獨特布料小物。

自主學習力！

作者／林將之　定價／499元　出版社／美藝學苑

一本適合與孩子共讀的樹木圖鑑百科！以有趣且專業的角度，從檢索一片葉片的形狀、花色與果實，到樹的形狀與樹皮外觀，引發孩子的好奇心，啟動觀察力，培養自主學習力！

## 忍不住想解的數學題

**熱銷突破13萬本！**
**慶應大學佐藤雅彥研究室的「數學素養題」，**
**快速貫穿邏輯概念與應用，提升解題的跳躍思考力！**

作者／佐藤雅彥、大島遼、廣瀨隼也　定價／399元　出版社／美藝學苑

★日本Amazon總榜第一名，引發全日本「解題風潮」★帶你從生活場景切入數學概念與實際應用，快速培養從理論架構、邏輯思維到跳躍性思考，最全面的「數學素養」！

## 真希望國中數學這樣教

暢銷

**暢銷20萬冊！6天搞懂3年數學關鍵原理，**
**跟著東大教授學，解題力大提升！**

作者／西成活裕　定價／399元　出版社／美藝學苑

專為不擅長數學的你所設計，自學、教學、個人指導都好用！應用數學專家帶你透過推理和演算，6天打敗國中數學，同時鍛鍊天天用得到的邏輯力和思考耐力！

## 真希望高中數學這樣教

**系列暢銷20萬冊！跟著東大教授的解題祕訣，**
**6天掌握高中數學關鍵**

作者／西成活裕、鄉和貴　定價／480元　出版社／美藝學苑

輕鬆詼諧的手繪圖解×真誠幽默的對話方式，無痛掌握數學關鍵！一本「即使是文組生，也絕對能夠完全理解」的知識型漫畫，馴服數字，就從這裡開始！

## 1天5分鐘居家斷捨離

暢銷

**山下英子的極簡住家實踐法則**
**×68個場景收納【全圖解】**

作者／山下英子　定價／399元　出版社／台灣廣廈

★從玄關、客廳到廚房、洗手間等，自宅斷捨離實境全圖解★全書皆以真實相片圖解說明，將居家斷捨離的要點及作法毫不藏私分享給你！

## 不留空隙的聰明收納

NEW

**活用家中的縫隙與角落，**
**將「貓設計」融入日常生活，**
**第一本兼顧人貓需求的整理書**

作者／森之家　定價／399元　出版社／台灣廣廈

不用花大錢，也能讓小宅空間最大化！從物品挑選到小空間的應用，專家傳授「填補空隙」的無痛收納，懶人、忙人、有貓家庭都適用，把家變成乾淨清爽的質感好宅！

知識力・輕科普・玩耍力・快收納　創造屬於自己的美好生活

## 國高中生必備！真希望自然科學這樣教…書】

暢銷

**定價／2320元　出版社／美藝學苑**

不論是從牛頓定律、力學、直線運動、天體物理學，到原子、化學鍵、元素週期表、熱力學，還是從細胞、遺傳學、物競天擇、生物學，到骨骼關節、神經系統、循環內分泌等等，想要建立「物理素養」、「化學素養」、「生物素養」、「人體素養」，這一套書通通都能滿足！

## 妖怪與魔法摺紙遊戲【全圖解】

NEW

**5大冒險主題×53種趣味摺法，**
**和孩子一起邊摺紙邊闖關，玩出無限創造力！**
**（QR碼全影片教學）**

**作者／笹川勇　定價／450元　出版社／美藝學苑**

紙上RGB大冒險！將魔法世界的妖怪、道具、武器、寶藏，變成和孩子互動遊玩的紙玩具。

## 專為0～3歲設計！蒙特梭利遊戲大百科

**實境式圖解！激發孩童腦部五大領域發展，**
**160個就地取材的啟蒙遊戲**

**作者／朴洛珍　定價／599元　出版社／美藝學苑**

蒙特梭利國際教師，親身實踐！用寶特瓶、紙箱等材料製作教具，啟動孩子的大腦與五感發展！

## 專為孩子設計的可愛黏土大百科

**2800萬家長熱推！從基礎到進階，**
**收錄12主題157款作品，提升孩子創意力×專注力**

**作者／金旼貞　定價／649元　出版社／美藝學苑**

精選黏土課157款超值作品，讓收服2800萬家長的黏土老師金旼貞，告訴你如何陪孩子提升創意力、協調力，一天30分鐘玩出聰明大腦！

## 專為孩子設計的創意摺紙大全集

**10大可愛主題×175種趣味摺法，**
**一張紙玩出創造力×邏輯力×專注力！**

**作者／四方形大叔（李源杓）　定價／499元　出版社／美藝學苑**

用一張紙取代手機平板，成為孩子愛不釋手的遊戲！成就感滿分，啟動孩子的腦內升級，創意啟發×邏輯思考×專注培養，一次達成！

好書出版·精銳盡出

# 台灣廣廈國際出版集團

Taiwan Mansion International Group

# BOOK GUIDE

2024 生活情報·春季號 01

知·識·力·量·大

台灣廣廈　瑞麗美人　蘋果屋 APPLE HOUSE

紙印良品　華藝學苑

＊書籍定價以書本封底條碼為準


地址：中和區中山路2段359巷7號2樓

電話：02-2225-5777*310；105

傳真：02-2225-8052

E-mail：TaiwanMansion@booknews.com.tw



總代理：知遠文化事業有限公司

郵政劃撥：18788328

戶名：台灣廣廈有聲圖書有限公司


廚房·品滋味·樂生活

尋找專屬自己的味覺所在

流行事·夯話題·追時尚·探心理

打造理想中的魅力自我

自癒力·享健康·不老化·遠疾病

天天打造驚人的自癒奇蹟

好教養·綠手指·養寵物

日常生活中的幸福時光

# 中藥外用粉 STEP BY STEP 這樣做！

## 工具

- 研磨缽、研磨棒……1組
- 網狀過濾勺…………1個
- 小湯匙………………1支
- 密封塑膠或玻璃罐 1個

## 材料

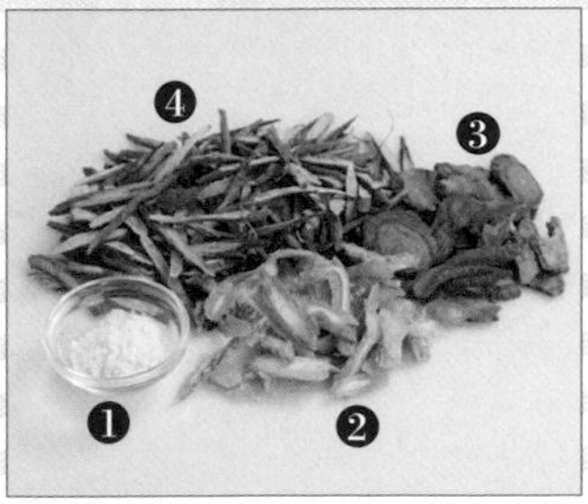


❶ 枯礬……………………10克
❷ 百部……………………30克
❸ 大黃……………………30克
❹ 甘草……………………60克

## 作法

### 1 置入藥材

將枯礬、百部、大黃、甘草置於缽中。

### 2 研磨成粉

研磨或用電動粉碎機，將藥材磨成粉。

### 3 濾出細粉

用網狀過濾勺濾出細粉。

### 4 裝入容器

將中藥粉裝入塑膠或玻璃罐，密封即完成。

羅醫師小叮嚀！

製作這帖藥粉時，盡量將藥材磨得越細越好，抹在腳上才不會有異物感。建議也可用「痱子粉的罐子」或「粉撲盒」裝填。除了用於足部，也可直接撒在鞋子或襪子內，幫助保持乾爽。

【使用說明】❶使用時倒出適量，抹於患處（如同爽身粉），早晚各1次。
❷香港腳若有傷口，有感染風險，應盡速就醫。

【保存方式】將藥粉裝入塑膠或玻璃罐中密封，置於乾燥陰涼處，常溫放置。

【保存期限】7日。

# 中藥粉撒在鞋襪內，1年的香港腳2週就變好。

**患者主訴** 23歲的莊同學當兵時染上「香港腳」近1年，兩腳底和腳側角質變厚，伴有龜裂，走路時還會局部出血，癢痛難忍，嚴重影響學習和生活。

**診療建議** 有「香港腳」的朋友很苦惱，因為總是腳濕汗多，出現瘙癢、脫皮，並且會發出臭味，到親友家探訪常會尷尬得不敢脫鞋。我開給莊同學「中藥外用粉」，撒於襪子和鞋子內，治療2週後，角化皮膚基本脫落，創面開始癒合。

香港腳「足癬」分為3類：水皰型、浸漬糜爛型、增厚型；由於真菌在38度的潮濕環境最容易繁殖，所以在夏季最容易發作。範圍會累及足趾間、足蹠、足跟和足側緣。皮損多由一側傳播到對側，雙腳都會波及。香港腳雖然不是大病，但卻不能輕視，需及時治療，否則這些黴菌會傳染至身體其他部位，**引起如手足癬、灰指甲，甚至是濕疹等頑固性皮膚病，嚴重者會導致淋巴組織炎、蜂窩組織炎等有截肢風險的疾病**。

香港腳多以外用藥物治療，西藥以「抗真菌乳膏」為主，中醫以「清熱解毒、祛濕止癢」為法。除了能**將漢方藥粉撒在襪子、鞋子裡，既無化學腐蝕性、刺激性，當然也能煎煮藥水泡腳**，如此可以殺菌抑菌，通過泡腳促進血液循環、驅除體內寒邪，在治療腳的同時起到養生保健的作用。

腿腳問題

# 水腫

↓

藥妝帖28

# 硝黃貼布

身體水份的代謝，**是透過肺、脾、腎三種臟腑運作**，機能運輸若不通調，便會使水份聚積，形成水腫。當體內濕邪與內熱蘊結，經脈受阻滯，氣血不暢，水腫則易出現在下肢；也有人會由局部水腫，逐漸擴散到全身。水腫的人一遇到梅雨季，經常會伴隨四肢無力、慵懶、昏沉，或皮膚出現濕疹、發癢等。

**水腫要內服外用雙管齊下治療**，對內處以利水去濕、補腎助陽之藥方；對外可用天然中藥貼布貼敷，以改善水腫症狀。

## 芒硝去濕、排毒、消腫，讓你小1號

「芒硝」又名「朴硝」，是灰白色顆粒狀的礦物類中藥，含有硫酸鈉、硫酸鈣、硫酸鎂等成份。它有去濕排毒作用，搭配「大黃」等中藥材製成「硝黃貼布」，外敷於腫脹部位可消炎去腫，退除寒氣，促進氣血循環。

適用症狀
手腳水腫
雨天腫脹

# 硝黃貼布 STEP BY STEP 這樣做！

## 工具

- 研磨缽、研磨棒……1組
- 6號過濾袋……2個
- 小湯匙……1支
- 針線……1組
- 固定貼布……數片
- 密封塑膠或玻璃罐……1個

## 材料

❶芒硝……40克
❷大黃……1克
❸冰片……0.1克

## 作法

### 1 置入藥材

將芒硝、大黃、冰片都放入缽中。

### 2 研磨成粉

研磨、或用電動粉碎機磨成粉，可裝罐備存。

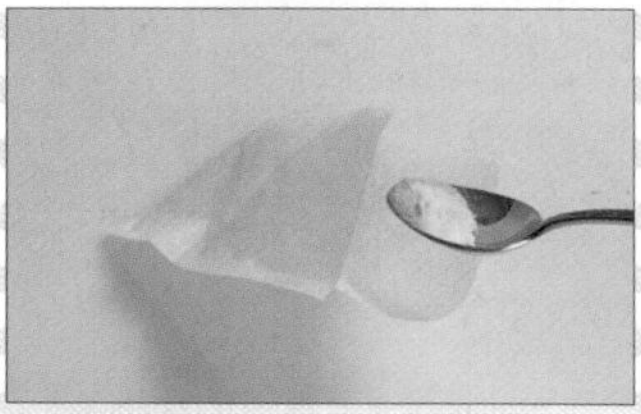

### 3 裝入過濾袋

使用時將細粉裝入過濾袋。

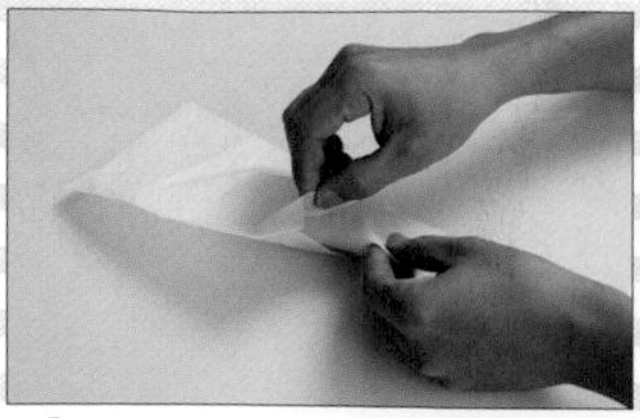

### 4 再裝入另一袋

袋口摺密起來，放入另一個過濾袋。

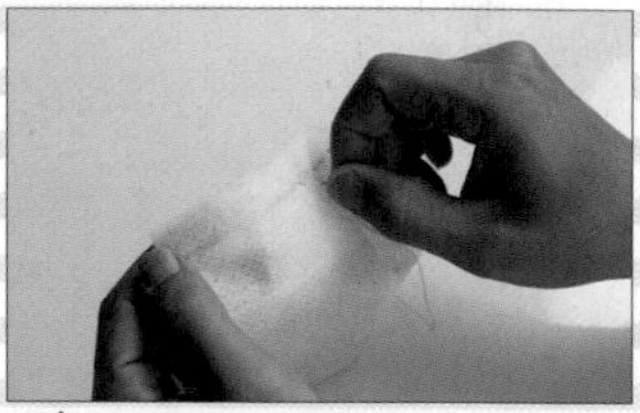

### 5 縫合貼用

用針線將袋口縫緊，貼上固定貼布即可使用。

**羅醫師小叮嚀！**

下肢嚴重水腫者，可反覆貼敷「硝黃貼布」，並將下肢抬高。水腫患者飲食宜清淡，切忌吃過鹹食物。

**【使用說明】** ❶將硝黃貼布敷於腫脹處，每4小時可換位置，重覆使用。
❷每日更換1次最外層的過濾袋；1週後換內容物。
❸若尚有不適，應盡快就醫。

**【保存方式】** 未用完藥粉裝入塑膠或玻璃罐密封，常溫置於乾燥陰涼處。

**【保存期限】** 14日。

# 薰蒸敷貼、補腎健脾湯劑合用，3年腳水腫20天就消失。

**患者主訴**

48歲的王女士反覆雙下肢浮腫3年，無明顯誘因出現雙腳浮腫，勞累或久站時水腫加重，伴隨無力、食慾減退。她曾做過心電圖、尿常規、肝、腎功能等檢查，都沒有發現器質性病變，醫院診斷為「特發性水腫」。**試過吃「利尿劑」治療，水腫稍減輕，但停藥後水腫反加劇**，並出現肢軟無力、腹脹、心悸等副作用，於是來看中醫治療。我見她雙腳浮腫，按之凹陷不起，連帶腰膝痠軟，畏寒肢冷，力乏神疲；問及食量、小便量都少。檢查舌色淡、胖邊有齒痕，苔薄白，脈沉細。

**診療建議**

下肢水腫多見於女性，它是濕邪與內熱蘊結，經脈受阻滯，氣血不暢，脈道瘀阻所致，治擬清熱燥濕，活血祛瘀，解毒通絡。

王女士辨證屬脾腎陽虛，水濕內停、泛溢肌膚證。我開予「硝黃貼布」的配方，用清水3000毫升浸泡藥物2小時，煎取藥汁2000毫升裝在盆中，**趁熱先薰蒸雙腳，待藥汁降溫適宜時，再把雙腳浸於盆中**。用藥汁反覆浸洗雙腳（藥汁溫度下降可加熱再用），每次30分鐘，每天早晚各1次，10天為1個療程。**不在家時請她用「硝黃貼布熱敷貼」貼腳**，盡量將腳抬高，每日更換1次。治療期間同時施以「實脾飲、真武湯」合方加減之補腎健脾、溫陽利水湯劑內服。並叮囑王女士要低鹽飲食，忌辛辣，充分休息。10天後她下肢水腫就開始減輕，連續治療2療程後水腫已經消失。

# 當歸生地乳液 STEP BY STEP 這樣做！

## 工具

- 不鏽鋼鍋……1個
- 網狀過濾勺……1個
- 攪拌棒……1支
- 食品用溫度計……1支
- 密封塑膠或玻璃罐……1個

## 材料

❶當歸……15克
❷生地黃……15克
❸何首烏……15克
❹橄欖油……200毫升
❺蜜蠟……8.5克

## 作法

**1 藥材浸泡1天**

將材料❶～❹入鍋，浸泡1天。

**2 小火炸酥**

用小火把藥材炸到乾酥。

**3 濾出汁液**

用過濾勺撈起材料，濾出汁液。

**4 加入蜜蠟**

在鍋中加入蜜蠟。

**5 攪勻溶化**

用攪拌棒攪至完全溶化。

**6 放涼裝罐**

以溫度計測量，降到85℃時，倒入容器放涼即完成。

**羅醫師小叮嚀！**

油炸藥材要留意火候，不要太焦黑，也要避免燙傷。腳容易皸裂者，平時要避免皮膚接觸有害物質，如化學性乳液、黑心塑料拖鞋。建議可用熱水浸泡雙腳，再用腳皮銼刀輕輕修掉增厚角質。

【使用說明】❶每日3～5次，取適量乳液塗於患處，可用敷料包紮。
❷治療期間忌用鹼性肥皂及冷水洗患處。

【保存方式】將乳液置於塑膠或玻璃罐，密封冷藏。

【保存期限】7日。

# 睡前擦抹「當歸生地乳液」，改善手腳乾裂，防治秋冬乾癢。

**患者主訴**

37歲的郭小姐，在化學工廠當作業員，長期接觸化學藥劑及各種機械，導致雙手、腳跟反覆乾裂、疼痛，每當秋冬季節，情況更加嚴重，難受到觸碰就會產生劇烈疼痛，嚴重時不能拿筆和餐具，甚至無法工作，還需穿戴手套、襪子保護。當郭小姐求診時，我見她雙腳有多處乾裂，最長約3公分深達真皮；舌質紅、苔白，我研判屬「血虛風燥症」。

**診療建議**

我給予「當歸生地乳液」請郭小姐每天睡前擦抹、按摩皮損處。1週後回診，她自述疼痛減輕，皮損色淡，裂口明顯減小，表面微濕潤。**「當歸生地乳液」具有收斂傷口、滋潤肌膚的助益；而「當歸」有養血潤膚、祛風止癢、止痛的功效**。近年來，我使用這款自行研製的「當歸生地乳液」，治療患者手腳乾裂的療效甚佳。「手腳乾裂」是冬季常見的皮膚病，是由於冬季汗液分泌少，又缺乏皮脂滋潤而產生的皸裂；**中醫名為「皸裂瘡」**，主要表現在手指、足跟、足緣及手掌、腳掌等處的皮膚乾燥、增厚，甚至會順著皮紋的方向出現許多深淺不一的裂口，嚴重者裂口處還伴有出血。現代人因為常熬夜晚睡、水份補充不足、偏好辛辣刺激、高熱量食物，造成角質保護層喪失，以致手腳掌和掌指關節處容易乾燥脫屑搔癢，甚至皸裂脫皮。若發現手腳肌膚乾燥皺紋起裂，就應該擔心是否是「富貴手」或「手足癬」等皮膚疾病，應該積極治療。

腿腳問題

# 足底痠痛

↓

藥妝帖32

## 川芎散敷貼

「足底筋膜」是腳底蹠骨與跟骨間的一片筋膜，是足弓最主要的支撐，是具有彈力的結締組織，在我們走路時可吸收、緩衝地面的反作用力。**當腳底不正常受力或疲勞，如久站、走太多路或劇烈跑步時，都易發生「足底筋膜炎」**。

典型症狀是睡醒後要下床的第一步，腳底有劇痛感，稍走路漸舒緩，但一會兒又痛起來。此病**與腎氣虧損，肝失所養有關**，因此治療主「補腎」；搭配外敷中藥，通過藥布滲透皮膚，作用至病灶，可起活血、消炎、止痛功效。

### 川芎舒緩足底筋緊，緩解腳底疼痛

「川芎」具有疏經散結、活血行氣之效。它可以促使氣血循環至四肢末梢。搭配其它中藥材製成的散敷貼，對於足底筋緊繃、發炎症狀都具有舒緩效用。

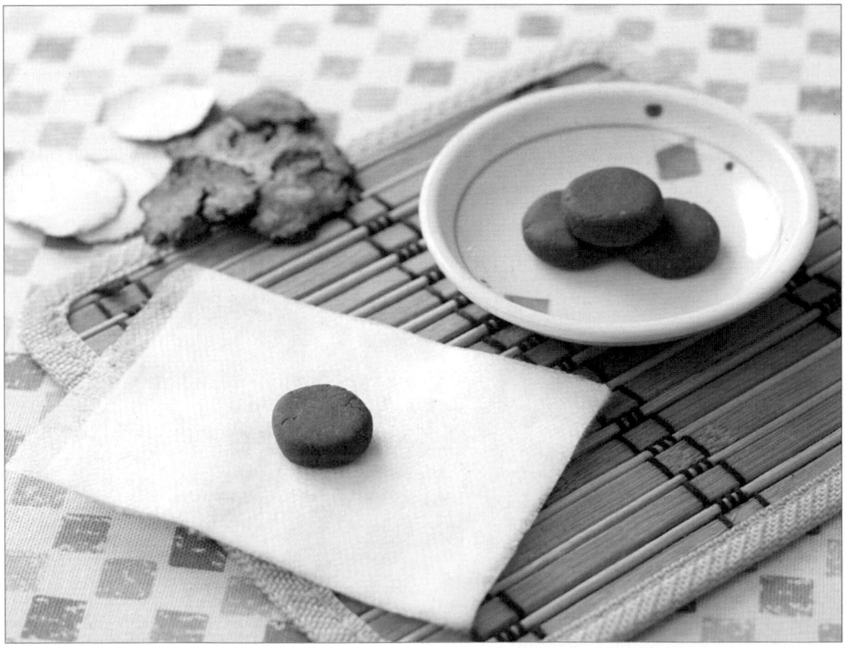

適用症狀
腳底痠痛
足底筋膜炎

# 川芎散敷貼 STEP BY STEP 這樣做！

## 工具

- 研磨缽、研磨棒……1組
- 鐵製挖勺……1支
- 小量杯……2個
- 小塑膠藥盒……1個
- 不織布……數塊

## 材料

❶ 川芎……15克
❷ 白芷……15克
❸ 白芥子……15克
❹ 白醋……5毫升

## 作法

### 1 研磨藥材

研磨或用電動粉碎機，將藥材❶～❸磨成粉。

### 2 拌勻藥粉

將缽中粉末用挖勺拌勻。

### 3 取10克加醋

取10克藥粉放量杯，加白醋。

### 4 攪拌均勻

用挖勺攪拌均勻。

### 5 捏成餅狀即敷

捏成5元硬幣大、3公釐厚藥餅，放在不織布上敷貼。

### 6 裝盒冷藏

剩餘藥餅放入藥盒，冷藏。

羅醫師小叮嚀！

「足底肌膜炎」患者要讓雙腳獲得充足休息。除了使用「川芎散敷貼」，平時也可用藥液熱敷雙腳，並適度做腳掌拉筋伸展，降低跟骨筋肉的緊繃感。

**【使用說明】** ❶足部皮膚有傷口時勿用。❷腳洗乾淨後，將藥餅敷貼於足底疼痛部位20分鐘後取下，每日1次。❸敷貼後如有不適、過敏症狀，請停用。

**【保存方式】** 將小藥餅置於塑膠藥盒中，密封冷藏。 **【保存期限】** 14日。

腿腳問題

# 痛風

↓

藥妝帖33

# 雙黃貼布

適用症狀
痛風
關節腫熱

一般人體的代謝物會成為「普林」(Purine),是合成細胞的重要材料;「尿酸」則是代謝的最終產物。正常情況下,尿酸會藉由尿液和糞便排出體外;若對普林代謝機制不良,尿酸慢性沉積在關節、軟骨和腎臟形成結晶,就形成「痛風」。發作時,**關節會出現局部急性紅、腫、熱、痛,甚至痛到無法走路!**

痛風屬於熱症,建議用中藥貼布敷於患處,舒緩疼痛不適感,**既可減輕症狀,也能避免口服藥帶來的副作用**。

## 黃柏、大黃疏通經絡,止痛效果顯著

**治療痛風,要用益氣健脾之法**,使濕邪難以滯留在體內。利用「黃柏、大黃」的清熱燥濕、散瘀通絡之效,搭配「白芷」做成雙黃貼布,可祛風通痹、消腫止痛,利於尿酸等毒素從身體排出。

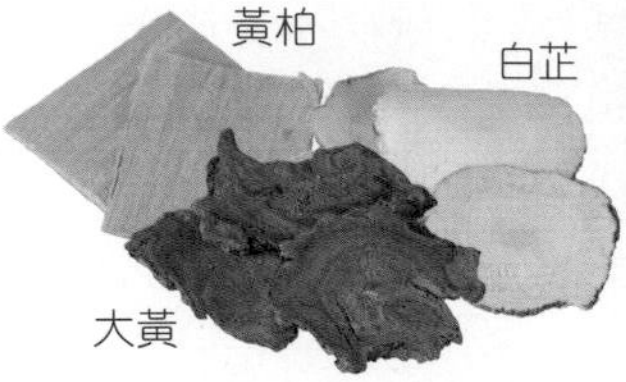

# 雙黃貼布 STEP BY STEP 這樣做！

## 工具

- 研磨缽、研磨棒……1組
- 網狀過濾勺……1個
- 攪拌棒或挖勺……1支
- 不織布……數塊
- 密封塑膠罐……1個

## 材料

❶ 黃柏……10克
❷ 大黃……10克
❸ 白芷……10克
❹ 青黛……5克
❺ 冰片……5克
❻ 蜂蜜……100毫升

## 作法

### 1 研磨藥材

研磨或用電動粉碎機，將藥材❶～❺磨成粉。

### 2 濾出細粉

用網狀過濾勺濾出細粉。

### 3 加入蜂蜜

於缽中加入100毫升蜂蜜。

### 4 攪成膏狀

用攪拌棒或挖勺攪勻成膏狀，即可以不織布敷用。

### 5 剩餘裝罐

未用完的藥膏裝入塑膠罐冷藏保存。

羅醫師小叮嚀！

痛風患者平時要節制飲食，少吃肉類、海產類等高普林食物，也要控制每日糖份攝取量。建議可用漢方貼布敷於疼痛處，使有效成份滲入皮下組織消炎止痛。切勿用力按摩患處，反易使患部嚴重惡化。

**【使用說明】** ❶將藥膏平鋪於不織布上2～3公釐厚，敷貼患處，並用繃帶或透氣膠布固定。❷敷藥後2～3小時疼痛會減輕，2～4天後腫痛狀況改善。

**【保存方式】** 未用完的藥膏置於塑膠罐，密封冷藏。 **【保存期限】** 7日。

# 早晚敷「雙黃貼布」，有效緩解痛風腫痛。

**患者主訴**

**丁先生，39歲，有痛風家族史，前一天因聚餐喝不少啤酒、吃完火鍋後，突感到右腳姆趾關節紅腫疼痛不適，無法行走，**足背紅腫熱痛，皮膚溫度明顯過高！丁先生過去曾有痛風反覆發作5年的病史，大多是在飲酒及勞累後發作。經西醫檢查血液尿酸高達值8.5，診斷為「痛風性關節炎」，伴隨舌燥口乾，小便黃赤。醫師給予丁先生口服「秋水仙素」後疼痛稍有緩解，但因過去服藥後胃腸道噁心嘔吐副反應較大，未能持續服藥。

**診療建議**

中醫稱痛風為「白虎病」，屬「痹證」範疇。常見病因為陰陽氣血失衡：中醫所謂「肝藏血」，肝血不足則尿酸結晶容易堆積在血管壁；「脾主健運」，脾失健運時，就會造成尿酸結晶容易沉積在脾胃經絡所行之處，如腳趾、臉面、耳朵；「腎藏精主骨」，所以容易關節腫脹發炎。因此，就容易造成各部位遊走性的痛風關節炎。我看丁先生舌紅苔黃膩、脈弦滑，叮囑他清淡飲食及多飲水。**請他用「雙黃貼布濕敷貼」外貼痛處，略大於局部病灶範圍，藥膏厚約2~3公釐，外用一層紗布包裹貼敷患處，再用繃帶或膠布固定，每天換2次藥；**早晚貼敷3天約5~6次後腫痛緩解，紅腫疼痛消失許多，行走也順利許多，局部較無壓痛感，關節活動完全正常。**儘管「雙黃貼布」濕敷貼在痛處，不能完全替代西藥，**但其緩解症狀作用迅速，且無副作用，可避免口服藥所致的消化道及其它系統的藥物副作用，是一種安全、有效、簡便易行的外用治療方法。

# PART 5

自己做！沐浴滋養美妝品！

# 每天必用
# 清潔保養15帖

## 潤澤、美白，全身都漂亮！

# 油性髮質洗髮精

美妝帖34

## 無患子洗髮精

適用髮質
油性髮質
頭皮出油

夏天及換季時，頭皮油脂多，易阻塞毛囊汗腺，頭皮角質代謝快，很多人頭皮會不斷冒痘痘，或是頭皮屑紛飛、搔癢等，到了盛夏天氣悶熱，情況更嚴重，甚至會大量掉髮、局部禿頭。

以中醫來看，**頭皮問題與頭部血液循環不好，即氣滯血瘀有關**。所以應多按摩頭部，活化毛囊，不僅可調節頭皮血液淋巴抗病能力，也能活化毛囊新陳代謝，讓頭皮更舒適清爽，即能減少油脂分泌、髮質受損等症狀，同時達到健腦益智、助眠等效果。

### 無患子去汙力超強！控油又止癢

「無患子」是一種天然的界面活性劑，去汙力很強，**能深層洗淨頭皮上的油汙，還具有殺菌功能**，可控油、止癢、去屑、預防掉髮。使用無患子洗髮精能趕走油膩，兼護髮、養髮功能，洗完頭皮會有舒爽感，頭髮也會光澤有彈性。

# 無患子洗髮精 STEP BY STEP 這樣做！

## 工具

- 不鏽鋼鍋……………………1個
- 網狀過濾勺………………1個
- 攪拌棒……………………1支
- 壓嘴式玻璃瓶…………1個

## 材料

❶ 無患子粒……………30克
❷ 皂莢……………………30克
❸ 當歸……………………15克
❹ 乾薑……………………15克
❺ 純水……………400毫升
❻ 糯米粉………………15克

## 作法

### 1 置入藥材

無患子切半去籽，皂莢切細條，和當歸、乾薑入鍋。

### 2 加水中火煎煮

加入純水，以中火煎煮至鍋中藥汁約剩250毫升。

### 3 濾出汁液

用過濾勺將材料撈起，濾汁。

### 4 加糯米粉拌勻

待藥液稍涼後，加入糯米粉快速地攪拌均勻。

### 5 中火加熱成糊

以中火加熱，過程中邊攪拌，成糊狀後關火。

### 6 裝入容器

裝入壓嘴式玻璃瓶即可用。

羅醫師小叮嚀！

製作此洗頭液的「無患子」要乾燥的，或者也可以先用烤箱烤乾再使用。另外，在步驟❹中要加的「糯米粉」，需在藥液放涼後才加入，並快速拌勻以免結塊，也比較不會黏鍋底。

【使用說明】取適量於手心，抹於頭髮上清潔，並按摩頭皮後洗淨。

【保存方式】將洗髮液置於壓嘴式玻璃瓶中，冷藏。

【保存期限】7日。

# 太后級的洗護髮品，天然秘方讓禿頭慈禧笑了！

**患者主訴** 中國歷史上數一數二的時尚貴婦，就屬清末的慈禧太后。慈禧愛穿華服，吃高脂美食，生活看似氣派華麗，但是，40歲時卻已經有油頭、禿頂、稀髮枯黃的困擾。她多次召集名醫診治，御醫們從病根「**溫腎補血**」幫她調治，同時研發多種天然漢方洗護髮品，菊花、皂莢、當歸、無患子……都在她的養髮美容秘典，不但油頭從此改變，新生髮質豐柔，而且閃閃動人！從40多歲到74歲辭世，她都這樣寶貝著一頭秀髮。

**診療建議** 中醫認為「髮為血之餘」、「肝藏血」，頭皮油脂多、易掉髮，多因肝經熱導致血熱、風熱等實熱症。除了溫腎補血的內治法，我也建議現代男女外用天然配方「無患子洗髮精」，以無患子天然的泡沫當界面活性劑，把汙垢和皮脂從頭髮和頭皮上帶走；加上皂莢、當歸、乾薑都有控油、抗菌、抗炎作用，可顯著改善頭癢、頭屑、掉髮。此配方也有護髮調理作用，能作用機理功能與促進髮根吸收營養，讓頭皮舒緩，同時恢復頭髮光澤。

天然的中藥洗髮精氣味清香，不含色素，對皮膚不刺激，也沒有毒副作用，**可以安心停留在頭部的時間長，所以藥液能充份浸潤頭髮與頭皮**，更能發揮藥效；洗完後用水簡單沖洗就很乾淨，亦免去反覆搓抓的損傷。即使小孩、老人家、重病者使用，洗頭時間短，頭髮易乾，也就不怕感冒。

# 乾性髮質洗髮精 ↓

美妝帖35

## 何首烏洗髮乳

適用髮質
乾性髮質
受損易斷

中醫認為，頭髮乾燥易裂者，**代表體內血液運行受阻，肝、腎、脾功能出問題**，導致養份不足，頭髮乾枯；所以頭髮老是會毛燥、乾澀，經常打結，而且容易斷裂，甚至枯黃，就像稻草一樣難梳理。如果你又是經常燙髮、染髮，破壞頭髮和頭皮上的油脂，水份流失，頭髮勢必會變得更乾，分岔、斷裂會更嚴重。

建議以「養血補腎藥方」來改善；同時**選用能補充蛋白質、水份，具有滋養功效的洗髮用品**。

### 何首烏滋養髮根，修護黃毛變柔順

「何首烏」富含卵磷脂，具調節內分泌作用，能順暢氣血，滋養髮根，同時能**促進頭髮形成黑色素**。何首烏洗髮精能幫你清潔頭皮，對頭髮也有很好的滋潤效果，成份天然，是絕佳的護髮品。何首烏對頭皮、頭髮還有調理作用，**連頭皮容易敏感者都適用**。

# 何首烏洗髮乳 STEP BY STEP 這樣做！

## 工具

- 不鏽鋼鍋……1個
- 網狀過濾勺……1個
- 攪拌棒……1支
- 量杯……1個
- 塑膠或玻璃壓嘴瓶……1個

## 材料

❶ 何首烏……15克
❷ 天門冬……15克
❸ 黑芝麻……15克
❹ 純水……400毫升
❺ 糯米粉……15克
❻ 葵花籽油……3毫升

## 作法

### 1 置入材料

將材料❶～❸放入鍋中。

### 2 加水中火煎煮

加純水400毫升，用中火煎煮剩200毫升。

### 3 濾汁拌糯米粉

用過濾勺撈出材料，濾汁。待放涼加糯米粉拌勻。

### 4 加熱攪成糊狀

用中火加熱一邊攪拌，成糊狀就關火。

### 5 加油攪成乳狀

加葵花籽油，攪拌成乳狀。

### 6 放涼裝瓶

稍涼後，以量杯 裝入壓嘴式容器瓶。

羅醫師小叮嚀！

製作時用火時機要抓準，步驟❸加糯米粉時先不要開火，避免結塊。待與藥液攪勻後，步驟❹再開火，並一邊攪拌至糊狀就關火，避免燒焦。

【使用說明】取適量於手心，抹於頭髮上，以指腹輕揉按摩頭皮與頭髮，用清水洗淨。

【保存方式】將洗髮乳放入塑膠或玻璃壓嘴瓶，密封冷藏。

【保存期限】7日。

# 坐月子也能用中藥乾洗頭，乾性髮質洗護髮不傷頭皮。

**患者主訴** 喜獲千金的王太太來找我，詢問產後調養身子的中藥食補方。她也苦惱坐月子期間不方便洗頭髮，一頭蓬髮老是打結不易梳理，看起來也好無精打采。我見她頭髮凌亂蓬鬆、髮粗分叉屬乾性髮質。

**診療建議** 使用含有中藥成份的洗髮精，要根據自己的「髮質」、「頭皮膚質」和「體質」。乾性髮質的人適用含「**何首烏**」成份，以提供頭髮和頭皮需要的營養。少年白和老人家可用含「**黑芝麻**」成份，以起養血補腎、生髮黑髮作用。油性髮質特別是「脂漏性脫髮」的人，不妨用含「**無患子、皂莢**」成份，有效去油又止癢。

此外，產婦像王太太常問我坐月子能不能洗頭？該怎麼洗頭？認為坐月子洗頭，會引起頭痛、頭暈、陰道流血增多，身體會更虛弱難以復原。偏偏一直流汗、頭癢、頭臭，該如何是好？我建議產婦用「何首烏洗髮乳」洗髮護髮，一來避免化學洗髮精傷害乾性髮質，或頭皮抓傷而讓化學「經皮毒」入侵；**二來用「中藥乾洗頭髮」替代一般化學洗劑水洗法，無需用水沖洗，既省時省力，還有滋養效果；**三來頭皮髮質敏感的人，可將何首烏洗髮精停留頭髮30分鐘，再用清水沖洗，可清潔汙垢、化濕抗炎清香、祛風解表預防感冒。

洗臉保養

# 油性膚質卸妝油

↓

美妝帖36

## 薄荷玫瑰卸妝油

適用膚質
油性肌膚
濃妝粉刺

**不論你有沒有化妝的習慣，現在空氣污染嚴重，**廢氣髒汙容易附著在臉上，我建議大家洗臉前都要先卸妝，清除表面髒汙。市售的卸妝油分為兩種：「油性卸妝油」加水後會產生白色乳狀，大多會添加「乳化劑」及礦物油；「水性卸妝油」可能隱含「界面活性劑」，會滲透肌膚造成不良影響。

使用天然成份的卸妝油，既能把臉上的油垢、髒汙、化妝品清乾淨，也不會因殘留或刺激皮脂，而造成**粉刺**、**痘痘**、**毛孔粗大**。

### 薄荷、玫瑰調理皮脂，痘痘肌也適用

「薄荷」帶給臉部肌膚涼爽感，還能殺菌消炎。「玫瑰」可溫和調理肌膚，促進皮膚新陳代謝。利用天然植物的特性，搭配**親膚性強**、**油質不膩的「葡萄籽油」**，能有效去除彩妝、汙垢，痘痘肌膚也適用。

薄荷

玫瑰

# 薄荷玫瑰卸妝油 STEP BY STEP 這樣做！

## 工具

- 不鏽鋼鍋……………1個
- 網狀過濾勺…………1個
- 6號過濾袋…………1個
- 攪拌棒………………1支
- 大塑膠量杯…………1個
- 壓嘴式玻璃瓶………1個

## 材料

❶ 薄荷……………………5克
❷ 薏仁…………………15克
❸ 玫瑰花………………15克
❹ 苦瓜…………………30克
❺ 純水…………300毫升
❻ 椰子油…………30毫升
❼ 葡萄籽油………50毫升

## 作法

### 1 置入材料

將材料❶～❹放入鍋中。

### 2 加水中火煎煮

加純水300毫升，用中火煎煮剩50毫升。

### 3 濾出汁液

將過濾袋放入過濾網，濾出汁液。

### 4 加油攪勻

加椰子油、葡萄籽油，攪勻。

### 5 裝入容器

以塑膠量杯盛裝油液，再倒入壓嘴式玻璃瓶即完成。

**羅醫師小叮嚀！**

在步驟❷煎煮材料時，注意水不要煮到過乾。

臉部T字部位易出油、泛光發亮者，用這款卸妝油可有效去除油垢、維持肌膚彈性，對皮膚溫和不刺激。

**【使用說明】** 取適量卸妝油用指腹沾抹臉上，用輕輕畫圓的方式推按溶解彩妝、汙垢，再用清水洗淨。

**【保存方式】** 將卸妝油置於壓嘴式玻璃瓶，密封冷藏。

**【保存期限】** 7日。

# 使用保濕型潔顏卸妝油，熱敷＋冷敷改善乾性肌膚。

**患者主訴** 張小姐是我多年來的患者，她發現40歲後，皮脂腺分泌功能下降，油脂分泌逐漸減少，皮膚失去了原有的光澤，趨於乾性化，尤其在使用完卸妝產品後，臉更顯緊繃。最近連老公也說她皮膚乾燥、皺紋變多。

**診療建議** 一次看診機會聊到此話題，我推薦張小姐使用「天門冬保濕卸妝油」，每天晚上卸妝、洗臉後，用熱毛巾在臉上敷10至20分鐘，接著用冷毛巾敷5分鐘，然後用保濕型化妝水塗抹臉部，輕拍按摩並讓皮膚吸收，最後再輕擦保濕乳液。就這樣小小的改變，她發現乾澀情況緩解許多，而且皮膚也顯得水潤有彈性。保濕潤膚要從清潔工作開始做起。乾性膚質者，適合選用有保濕效用的卸妝油像「天門冬卸妝油」，有清潔、潤膚、除皺、祛斑等延緩肌膚衰老的功效。耐心外用此漢方卸妝油，不久你就會發現臉部細紋變淡，肌膚恢復彈性，而且保持潤滑不緊繃，特別適合中老年人的乾燥性膚質來使用。

如果你的肌膚不但乾燥，而且有深紋、脫屑、搔癢情形，應注意使用的卸妝油是否有含防腐劑、酒精、水楊酸、人工香精等化學添加物，應該要間隔使用或減少每次使用量。也不要使用強鹼性洗臉品（刺激性大），應使用溫和的微酸性產品。清潔臉部時，則盡量用細嫩的雙手代替粗糙的面紙或海綿顆粒，避免刺激摩擦皮膚而過敏。

洗臉保養

# 中性膚質卸妝油

↓

美妝帖38

## 白芍清潔卸妝油

適用膚質
中性肌膚
季節性清潔

中性皮膚的PH值介於5.5～6.5，屬於理想狀態。它不像油性肌或乾性肌的狀況極端，但中性皮膚還是會因季節而改變，**夏天因皮脂腺分泌較旺盛而出油；冬天則皮膚偏乾燥。人臉的膚質也不是一輩子都不會改變**，因為飲食、作息、壓力等，都可能出現急性和慢性的變化與症狀。所以，各種膚質的人都要注重清潔與保養，也要視當下的膚質來選用藥妝品。

油脂性卸妝油可利用水乳化方式，溶解清除髒汙和殘妝。但還是天然成份的卸妝品最好，既能除汙，又不刺激皮膚，天天用也安心。

### 白芍、綠茶修復潤膚，苦茶油除細紋

「白芍」有天然清潔功效，可預防肌膚乾燥，加強潤膚。加「芝麻油」做成卸妝油，卵磷脂能祛斑；加「綠茶葉」修復肌膚、抗老化；集多種養份的「東方苦茶油」則可改善小細紋。

# 白芍清潔卸妝油 STEP BY STEP 這樣做！

## 工具

- 不鏽鋼鍋……1個
- 網狀過濾網……1個
- 6號過濾袋……1個
- 小量杯……1個
- 小燒杯……1個
- 壓嘴式玻璃瓶……1個

## 材料

❶ 白芍或炒白芍……15克
❷ 綠茶葉……10克
❸ 洋甘菊……10克
❹ 純水……300毫升
❺ 芝麻油……30毫升
❻ 苦茶油……50毫升

## 作法

### 1 放入材料

將白芍、綠茶葉、洋甘菊入鍋。

### 2 加入純水

於鍋中加純水300毫升。

### 3 中火煎煮

用中火煎煮到鍋中藥汁剩50毫升。

### 4 濾出汁液

過濾袋放入過濾勺，撈出材料濾汁。

### 5 取少量加油

藥汁靜置沉澱後，取25毫升清液入燒杯，再加❺、❻。

### 6 裝入容器

將油液裝入壓嘴式玻璃瓶即完成。

**羅醫師小叮嚀！**

在步驟❸煎煮材料時，注意水不要煮到過乾。完成後可放入冰箱冷藏，在炎夏使用相當清爽，同時又能潤澤皮膚，讓臉部氣色更好。

**【使用說明】** ❶敏感性肌膚者請先在手腕內側測試，無紅斑異常再使用。
❷取適量卸妝油用指腹沾抹臉上，用輕輕畫圓的方式推按溶解彩妝、汙垢，再用清水洗淨。

**【保存方式】** 將卸妝油置於壓嘴式玻璃瓶，密封冷藏。

**【保存期限】** 7日。

# 無患子去油洗面乳 STEP BY STEP 這樣做！

## 工具

- 不鏽鋼鍋……………3個
- 攪拌棒……………1支
- 網狀過濾勺…………1個
- 小量杯……………1個
- 中燒杯……………1個
- 密封塑膠瓶…………1個

## 材料

❶ 純水……………500毫升
❷ 太白粉……………15克
❸ 無患子……………15克
❹ 皂莢……………15克
❺ 綠豆……………30克
❻ 桂花……………10克
❼ 橄欖油……………5毫升
❽ 芝麻油……………5毫升

## 作法

### 1 做乳化劑

- 第一鍋加100毫升純水煮至75～80℃。
- 第二鍋加100毫升純水和太白粉，以攪拌棒攪勻。
- 將第二鍋慢慢倒入爐火上的第一鍋。
- 將鍋內溶液攪拌到微凝固呈透明狀即關火備用。

### 2 中火煎煮濾汁

第三鍋放❸～❻和水300毫升，煮至剩100毫升，濾汁。

### 3 取少量加油

取75毫升藥汁倒入燒杯，再加入材料❼～❽攪勻。

### 4 加乳化劑

加自製乳化劑120毫升攪勻。

### 5 裝入容器

將乳液裝入塑膠瓶即完成。

**羅醫師小叮嚀！**

步驟❷煎煮材料時，無患子、皂莢都含有「皂基」，注意不要煮太乾，否則容易黏鍋底。

油性肌膚容易產生痘痘，使用此款洗面乳能去油、消退膿皰，還能讓肌膚變得細緻、柔嫩。

**【使用說明】** 擠出適量於手心，塗抹全臉，適度按摩，再用清水洗淨。

**【保存方式】** 將洗面乳裝入塑膠瓶，密封冷藏。　**【保存期限】** 7日。

# 自製漢方去油洗面乳，改善長年「痘花臉」。

**患者主訴** 18歲正值花樣年華的花美男小吳，可惜他滿臉「痘花」甚至出現爛痘，導致異性緣很差。為了治好痘痘，他不僅花下大把銀子購買醫美產品，也去做臉等，但始終沒有轉機。

**診療建議** 正當吳帥哥感到心灰意冷時，友人介紹本診所的「無患子去油洗面乳」，早晚洗臉使用，大約1週不再冒出新痘，而其它爛瘡的情況也緩解許多；大約1個月後出油狀況也好很多。

天然漢方「無患子去油洗面乳」具有清熱解毒、抗菌消炎成份，對引起油性膚質青春痘的致病菌——棒狀桿菌有明顯的抑制作用；且能擴張毛細孔，能增加患部的通透性，使紅疹消退，結節逐漸消散。它還能改善局部血液循環，消除痘疤色素，促進皮膚細胞新陳代謝，進而達到油性膚質的清潔美容的作用。

此外，常使用不適合的洗面乳，也會引起青春痘滋長，大多是因為患者以為油性皮膚應要選用油性洗面乳，反而堵塞毛孔，引起皮脂阻塞毛孔形成黑頭粉刺，或繼發感染造成炎症丘疹或膿疱；若肌膚汗腺、皮脂腺排泄不暢，容易堆積細菌，代謝廢物形成囊腫、結節，再經由不當擠壓，長期臉部刺激發炎反應，造成疤痕組織，便形成遺憾的「痘花男」、「痘花女」。

洗臉保養

# 乾性膚質洗面乳

↓

美妝帖40

## 檸檬草保濕洗面乳

適用膚質
乾性肌膚
乾燥天候

乾性膚質的人，角質層「含水量」和「皮脂分泌量」都偏低，容易乾燥、脫皮；尤其在冬天，皮膚偶會脫屑、發癢。若長時間待在冷氣或暖氣房，更容易出現皮脂分泌失調、水份流失現象。

由於皮膚的角質層上方有一層「弱酸性」皮脂膜，能阻隔外來物的傷害；部份市售洗面乳卻含有有害或太過刺激的化學物，使用後導致皮脂受損更加乾燥。因此，乾性肌膚應避免用去脂力強的「鹼性肥皂」和「化學成份製品」。**要盡量選用「乳狀、霜狀潔膚品」**，讓肌膚在清潔後仍保水，才不會緊繃不舒服。

### 檸檬草富含維生素C，讓臉越洗越美

印度醫學視「檸檬草」為可治療百病的藥用植物。它含有大量的維生素C，使皮膚潤澤、有彈性。檸檬草保濕洗面乳，除了能洗淨汙垢，還可抗老、預防皺紋，洗後不乾澀。

# 檸檬草保濕洗面乳 STEP BY STEP 這樣做！

## 工具

- 不鏽鋼鍋……………1個
- 網狀過濾勺…………1個
- 攪拌棒………………1支
- 密封玻璃罐…………1個

## 材料

❶ 甘草……………………15克
❷ 檸檬草…………………15克
❸ 蘆薈白肉………………60克
❹ 純水……………400毫升
❺ 糯米粉…………………15克
❻ 葵花籽油………………8毫升

## 作法

### 1 置入藥材

將甘草、檸檬草、蘆薈白肉放入鍋中。

### 2 加水中火煎煮

於鍋中加入純水，以中火煎煮至鍋中剩下200毫升。

### 3 濾出汁液

用網狀過濾勺將材料撈起，濾出汁液。

### 4 加糯米粉攪勻

待汁液稍涼後，加入糯米粉，以攪拌棒快速拌勻。

### 5 中火拌煮成糊

以中火加熱，過程中要不斷攪拌，成糊狀後關火。

### 6 放涼裝瓶

加入葵花籽油，攪拌至乳狀。待稍涼後裝入玻璃罐。

**羅醫師小叮嚀！**

在步驟❹中加入糯米粉時，要仔細攪拌均勻，避免使用時會有顆粒狀異物感。步驟❺中火加熱時要不斷攪拌，以避免燒焦。

乾性肌膚不宜過度洗臉和使用洗面乳，易導致臉部肌膚越來越乾燥。每天的洗臉次數以2次為限。

**【使用說明】** 擠出適量洗面乳於手心，塗抹全臉，適度按摩，再用清水洗淨。

**【保存方式】** 將洗面乳置於密封玻璃罐中，冷藏。 **【保存期限】** 7日。

# 自製「檸檬草保濕洗面乳」，勝過昂貴保養品。

**患者主訴** 46歲的方太太，從事小吃店，近來臉部乾燥、易發癢，常到各大品牌專櫃尋找昂貴的保濕產品，或自行到藥局買藥膏塗抹，但都沒效，甚至乾癢的情況加劇，還有脫皮的狀況。

**診療建議** 我觀察方太太的臉部肌膚很薄、毛孔不明顯，且皮脂分泌少，並無嚴重的發炎狀況，**於是開予「檸檬草保濕洗面乳」藥方，請她早晚洗臉使用，並輔以「當歸生地乳液」（第133頁）塗抹特別乾燥緊繃之處，一週後回診，乾燥狀況已經明顯改善，甚至變得亮白。**

這類典型的乾性肌膚，不易長痘、生粉刺，但經不起外界刺激，如風吹日曬、溫差變化等；如果使用市售保濕用品，可能會有短暫的濕潤效果，但很快會出現過敏、脫屑的情況。這是因為乾性肌膚本來就屬脆弱、較薄的肌質，而化學洗面乳的刺激成份會深入破壞皮脂，使得肌膚更加乾澀無油，甚至有人反而會出油，造成外油內乾的狀況；此時如果又塗上抗油產品，受刺激後皮膚會變得赤紅，甚至灼痛。我建議洗臉時切忌用鹼性過強的肥皂，尤其是乾性皮膚者。皮膚洗淨後，再抹點「桑白皮化妝水」（第174頁）滋潤肌膚，以抵禦風吹日曬，增加皮膚抗衰老、防乾裂起皺的能力。

洗臉保養

# 中性膚質洗面乳

↓

美妝帖41

## 益母草抗炎洗面乳

適用膚質
中性肌膚
角質多

很多人覺得中性肌膚的臉不泛油光、不乾不粗，好像沒有什麼困擾。但其實中性肌膚在嚴重的空氣污染環境下，若外出沒有做好隔離防曬，或沒有做好清潔，皮膚機能也會衰退，**甚至也會轉變為乾性或油性膚質**。

擁有中性肌膚的人，要想維持這種理想狀態，平時就要做好基礎清潔工作，定期清除老廢角質，保持油水平衡。建議清潔用品選擇較天然、不刺激的洗面乳，或兼具保濕配方，讓肌膚在清潔後不會有緊繃感。

### 療效級的！益母草清潔又保養皮膚

「益母草」在過去主要是治療婦科疾病的藥材，但後來專家發現它**有抗老**、**防衰的美顏效用**。使用天然療效型的益母草抗炎洗面乳，不僅可清除臉上的老廢角質，還能抗痘、抗炎、調理膚質，洗臉兼享做臉效果。

# 益母草抗炎洗面乳 STEP BY STEP 這樣做！

## 工具

- 不鏽鋼鍋……3個
- 網狀過濾勺……1個
- 攪拌棒……1支
- 小量杯……1個
- 中燒杯……1個
- 壓嘴式玻璃瓶……1個

## 材料

❶ 純水……500毫升
❷ 太白粉……15克
❸ 益母草……10克
❹ 甘草……10克
❺ 洋甘菊……10克
❻ 蘆薈白肉……30克
❼ 葡萄籽油……5毫升

## 作法

### 1 做乳化劑

- 第一鍋加100毫升純水煮至75～80℃。
- 第二鍋加100毫升純水和太白粉，以攪拌棒攪勻。
- 將第二鍋慢慢倒入爐火上的第一鍋。
- 將鍋內溶液攪拌到微凝固呈透明狀即關火備用。

### 2 中火煎煮濾汁

第三鍋放❸～❻和水300毫升，煮剩100毫升，濾汁。

### 3 取少量加油

取75毫升藥汁倒入燒杯，再加入材料❼攪勻。

### 4 加乳化劑

加自製乳化劑120毫升攪勻。

### 5 裝入容器

將洗面乳裝入壓嘴式玻璃瓶即完成。

羅醫師小叮嚀！

步驟❶製作乳化劑時，要留意關火時機，攪拌到微凝固狀就要關火，否則太濃稠會像漿糊。另外，在洗臉時，可先用溫水清洗，再用冷水，採「冷熱交替法」讓皮膚表皮血管擴張、收縮，達到清潔、促進血液循環之效。

【使用說明】擠出適量洗面乳於手心，塗抹全臉，適度按摩，再用清水洗淨。

【保存方式】將洗面乳置於壓嘴式玻璃瓶內，冷藏。

【保存期限】7日。

# 青春期留下的痘疤色素，「益母草抗炎洗面乳」有效淡化。

**患者主訴** 22歲的張小姐，因婦科問題到中醫求診，我觀察她膚色不均而感到好奇，問診後，原來是青春期時長痘痘而留下的痘疤。

**診療建議** 我建議張小姐使用「益母草抗炎洗面乳」清洗臉部，並且**使用過程中輕輕按摩加強作用，大約1週就有淡化痘疤的功效**。「益母草」具有活血化瘀，能消除痘疤遺留的色素，同時清除肌膚老化角質，促進皮膚局部血液循環，加強新陳代謝，達到清潔、保濕、滋潤的多重效果。

像張小姐這類的中性肌膚，通常是最健康的膚質狀況，但萬一不注重保養，也可能變成乾性或油性膚質。尤其現在市售的保養品大多強調偏向某一種療效，很少為了「中性肌膚」而調配，長期使用下來破壞肌膚的酸鹼平衡，導致越用越糟糕。「益母草抗炎洗面乳」的藥方是我特別為中性膚質設計，不僅配方溫和，具有潔膚、代謝的功效。而案例中的張小姐，臉部出油或乾燥的情況並不明顯，因此，我開予此方主要是幫助她臉部痘疤色素代謝。如果你是屬於油性或乾性肌膚，可參考第165、168頁的對症洗臉配方。

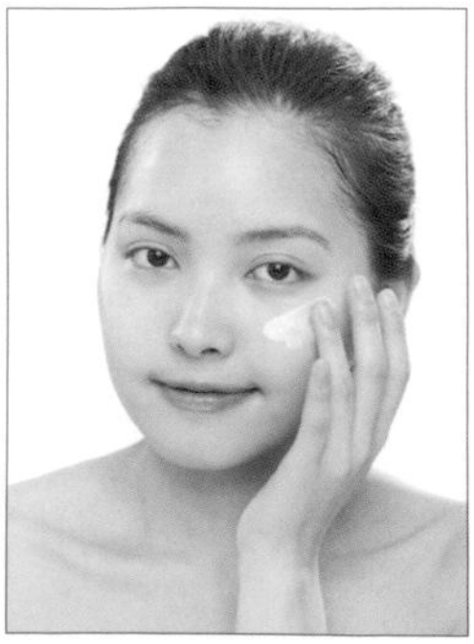

洗臉保養

# 化妝水

↓

美妝帖42

# 桑白皮化妝水

適用膚質
所有膚質
乾燥環境

臉部肌膚每天都會有皮脂分泌、代謝老廢角質，以及沾附環境中的雜塵、廢氣、細菌等，所以前文我提醒大家每天要做好「面子」的清潔工作。

洗好臉後，第一道保養程序就是擦化妝水，幫肌膚保濕。雖然有些人認為，化妝水中大半成份都是水，可以省略不擦。但事實上，**擦了化妝水後再做後續保養，能提升肌膚的潤澤度**。尤其是經常從事戶外運動、或長時間待在冷氣房時，更需要加強補充肌膚中的水份。

## 桑白皮促進皮膚代謝，潤澤肌膚

將桑樹的根莖洗淨、去皮、曬乾後，即為中藥材「桑白皮」。桑白皮可促進皮膚代謝及表皮細胞分化，而且能抑制「酪氨酸酶」活性，**阻礙黑色素形成**。加上保濕、抗皺紋的「小黃瓜」和柔膚的「佛手柑」，做成化妝水，加倍保濕、調理、美白肌膚。

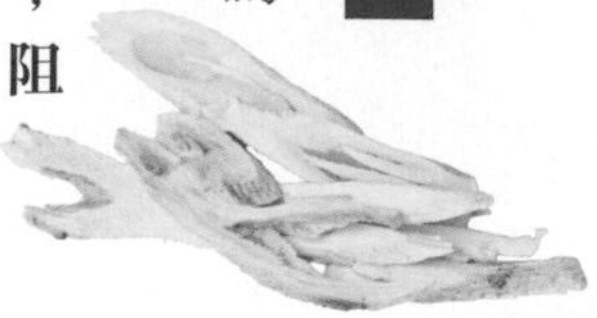

# 桑白皮化妝水 STEP BY STEP 這樣做！

## 工具

- 不鏽鋼鍋……1個
- 網狀過濾勺……1個
- 6號過濾袋……1個
- 燒杯……1個
- 攪拌棒……1支
- 噴霧式玻璃瓶……1個

## 材料

❶ 桑白皮……15克
❷ 佛手柑……15克
❸ 杭菊花……20克
❹ 小黃瓜切片……50克
❺ 純水……450毫升

## 作法

### 1 置入材料

將材料❶～❹放入鍋中。

### 2 加水中火煎煮

加300毫升純水，用中火煮至鍋中藥汁剩70毫升。

### 3 濾出汁液

過濾袋放進過濾勺，撈出材料濾汁。

### 4 取少量加水

待藥液沈澱，取上方清液50毫升於燒杯，加水150毫升。

### 5 攪拌均勻

用攪拌棒將汁液和水攪勻。

### 6 裝入容器

待稍涼後，裝入噴霧式玻璃瓶中即完成。

**羅醫師小叮嚀！**

步驟❸濾汁時，用超細網過濾袋濾出的汁液更為細緻，擦起來才不會有粗糙感。將化妝水均勻抹全臉後，可搭配用手指輕拍臉部，促進滲透與吸收，為肌膚充份保濕。

**【使用說明】** 以化妝棉沾取適量化妝水，輕柔塗擦全臉，再用手指輕拍。

**【保存方式】** 將化妝水置於噴霧式玻璃瓶內，冷藏。

**【保存期限】** 7日。

## 早晚洗臉後擦「桑白皮化妝水」，改善臉部內乾外油的窘況。

**患者主訴** 25歲從事美容業的李小姐，**因使用收斂型化妝水，臉上竟產生小水皰**！原來啊，收斂型化妝水因為含有收斂劑，會使肌膚快速凝固汗孔內的蛋白，導致堵塞汗孔，阻止汗水排出，所以害她長出「濕疹汗皰疹」。

**診療建議** 李小姐本身屬於乾性膚質，只是皮膚缺水乾燥、油水含量相對不均衡，又因夏季肌膚皮脂腺分泌比較活躍，使得出油狀況突然加劇，才會誤用收斂型化妝水，希望緩解出油冒痘的狀況。我建議李小姐早晚洗臉後，**使用「桑白皮化妝水」輕拍全臉，約3週後回診時，不僅濕疹小水皰完全消失，出油狀況也少很多**。「桑白皮」具有保濕功效，還能吸附皮膚表面的油脂，抑制細菌的產生。此外，其搭配的藥材富含豐富營養，具有滲透力，有促進汗腺活動、補充表皮水份的作用，對乾性、缺水性皮膚尤其見效。另外，用「桑白皮化妝水」濕敷額頭、鼻翼、下巴等油脂分泌旺盛的地方，配合按摩使藥效更滲透，也能產生好氣色，減少痘痘出現。

現在市售的化妝水種類很多，使用劣質化妝水或使用不當，很可能讓肌膚產生過敏反應，我們稱為「過敏性皮膚炎」。在此也建議大家，使用一種新的藥妝品時，最好先在手腕或手臂內側小範圍塗少許，觀察1天，無紅腫等不良反應再擴大範圍使用，才能安全又美麗。

洗臉保養

# 乳液 ↓ 美妝帖43 天門冬玫瑰乳液

適用膚質
所有膚質
乾燥環境

洗完臉之後的基礎保養，除了擦化妝水，彌補流失的水份，還要**藉由含油性物質的乳液**，**提升肌膚的鎖水度**，建構好一道皮脂膜，防止水份流失，讓肌膚維持滋潤感。

**每個人都應該視當下的肌膚狀況、隨著季節來調整保養用品**。比如夏天容易流汗，可選清爽的乳液；冬天很乾冷，可選滋潤度高的乳液。若擔心市售的乳液可能含有致敏的化學物，用天然藥方來自製乳液保養肌膚，可吸取到自然的保濕因子，讓肌膚油水平衡又無負擔。

## 天門冬、玫瑰預防皺紋，讓面子淨白

「天門冬」可養陰潤燥、清火生津，能提供皮膚養份、減少色素沉澱，預防皺紋產生。搭配有滋養效果的「玫瑰」做成臉部乳液，讓皮膚淨白、潤澤透光。

天門冬

玫瑰

# 天門冬玫瑰乳液 STEP BY STEP 這樣做！

## 工具

- 不鏽鋼鍋……2個
- 6號過濾袋……1個
- 網狀過濾勺……1個
- 小燒杯、中燒杯…各1個
- 食品用溫度計……1支
- 攪拌棒……1支
- 塑膠或玻璃面霜罐1個

## 材料

❶天門冬……15克
❷甘草……15克
❸玫瑰花……30克
❹蘋果切丁……50克
❺蜜蠟……2克
❻可可脂……4克
❼葵花籽油……60毫升
❽純水……2000毫升

## 作法

### 1 材料加水煎煮

材料❶～❹入第一鍋，加水400毫升，煮剩55毫升。

### 2 濾出汁液

過濾袋放進過濾勺，撈出材料濾汁，倒入小燒杯。

### 3 中燒杯放油

材料❺～❼倒入中燒杯。

### 4 隔水加熱

第二鍋裝水1600毫升，兩燒杯隔水加熱至70～75℃。

### 5 混合攪成乳狀

將小燒杯汁液倒入中燒杯，迅速攪成不透明乳狀。

### 6 放涼裝罐

待稍涼，裝入塑膠或玻璃面霜罐即完成。

**羅醫師小叮嚀！**

步驟❹隔水加熱時，水量應依鍋子而異，水的高度要有5公分深。在悶熱的季節，臉上出油嚴重，有時反而是肌膚缺水的警訊。建議要依據當下膚況微調用量，做好基礎保養，才能擁有水嫩肌膚。

**【使用說明】** 取適量乳液於乾淨的手心，輕柔的擦按全臉。

**【保存方式】** 將乳液置於塑膠或玻璃面霜罐，密封冷藏。

**【保存期限】** 7日。

# 熟男一天洗臉3～4次，天然保濕滋潤乳液不可少。

**患者主訴** 在一個講座的場合，我新認識了38歲的科技新貴王先生，他自述最近受到美麗女友和韓劇「來自星星的都教授」的鼓勵，特別重視臉部保養工夫。但因為自己的膚質屬於混合型，**白天臉部各部位都相安無事，到了晚上卻感覺臉皮特別緊繃，時會發癢、脫屑**，不知道男人的「面子問題」要從何下手？

**診療建議** 王先生有經常洗臉的習慣，一天要洗臉3～4次；且長時間待在冷氣房裡上班，連假日運動都是到有超強冷氣的健身房。隨著年紀漸長，原本油水狀態還能平衡的皮膚，已經機能衰退。我建議他每次洗臉後，要輕拍些化妝水，以及用滋潤鎖水的藥妝品，如天然漢方「天門冬玫瑰乳液」，它具有溶解角質、加速淺表炎症消退的成份，能美白、嫩膚、去皺，兼能消除粉刺、雀斑。諸藥配伍，尤對「黃褐斑」引起的色素沉澱，及皮膚粗癢脫屑，都有良好的防治作用。

皮膚正常的角質層，能通過脂質屏障和天然保濕因子控制水份流失，維持穩定的含水量。但當皮膚變乾起皺，缺乏彈性，**血管會變脆，就容易出現紫癜、瘀斑；汗腺汗水也會衰減，使調節體溫和排毒功能降低，就會容易受熱中暑、受涼感冒**。因此，從面子和裡子來看，選用能保護皮膚的保濕滋潤乳液，對男女性來說都非常重要。

洗臉保養

# 收斂水

↓

美妝帖44

## 當歸薰衣草收斂水

適用膚質
油性肌膚
毛孔粗大

每個人在洗完臉，擦了化妝水、乳液後，都可以用收斂水來緊緻保養皮膚。尤其臉部容易出油、毛孔粗大的人；或**在化妝前用收斂水，效果比較能持久**。收斂水是利用具有收斂皮膚功效的成份如單寧酸，和毛囊皮脂腺中的蛋白質作用，以達到抑制汗腺、皮脂腺的分泌，使毛孔緊縮、調理肌膚。

市售的收斂水，部份含有酒精、明礬、藥劑、甘油和香料，對過敏性皮膚刺激較大，有的產品甚至會標示「過敏肌膚不宜使用」；建議盡量選用天然植物、或中藥材製成的收斂水為宜。

### 薰衣草是最天然的收斂劑，控油又鎮靜

「薰衣草」可平衡肌膚油脂分泌，促進細胞再生，是最天然的收斂劑。加上「當歸」合製成收斂水，可鎮靜肌膚、平衡脂質代謝；其特殊的香味還能寧心安神、疏肝解鬱。

# 當歸薰衣草收斂水 STEP BY STEP 這樣做！

## 工具

- 不鏽鋼鍋……………………1個
- 網狀過濾勺…………………1個
- 小量杯………………………1個
- 噴霧式玻璃瓶………………1個

## 材料

❶ 當歸……………………15克
❷ 薄荷……………………10克
❸ 薰衣草…………………30克
❹ 純水……………………400毫升
❺ 檸檬汁…………………10毫升

## 作法

### 1 置入材料

將當歸、薄荷、薰衣草入鍋。

### 2 加水中火煎煮

加400毫升純水，用中火煮至鍋中藥汁剩150毫升。

### 3 濾出汁液

用過濾勺撈起材料，濾出汁液。

### 4 榨檸檬汁

檸檬榨汁去肉後，以小量杯取汁10毫升。

### 5 和藥液攪勻

將檸檬汁倒入鍋中，和過濾後的藥汁充份攪勻。

### 6 放涼裝瓶

待稍涼後，裝入噴霧式玻璃瓶即完成。

羅醫師小叮嚀！

洗臉之後擦抹的收斂水，可讓毛孔暫時收縮、讓肌膚變得清爽，是很多人常用的臉部保養品。不過，想徹底改善出油、毛孔粗大，要注重飲食清淡和充足睡眠，才能治本。

**【使用說明】** 洗臉後，擦完化妝水、乳液，再用化妝棉沾取適量收斂水，輕抹額頭、鼻子及鼻翼兩側易出油的部位。

**【保存方式】** 將收斂水置於噴霧式玻璃瓶，冷藏。

**【保存期限】** 7日。

# 白芷茯苓美白眼膜 STEP BY STEP 這樣做！

## 工具

- 研磨缽、研磨棒……2組
- 攪拌棒……1支
- 小碟子……1個
- 眼膜紙……2張
- 小湯匙……1支
- 塑膠或玻璃面霜罐 1個

## 材料

❶ 白芷……8克
❷ 茯苓……8克
❸ 白芨……8克
❹ 珍珠粉（可酌量）··10克
❺ 蛋黃……1～2個
❻ 蘋果切片……50克

## 作法

### 1 研磨藥材

研磨或用電動粉碎機，將藥材❶～❸磨成粉。

### 2 拌勻加珍珠粉

用攪拌棒拌勻後，酌量加入珍珠粉。

### 3 加入蛋黃

放入蛋黃拌勻。若蛋黃小，可放2個。

### 4 磨蘋果泥

用另一組研磨缽和研磨棒將蘋果磨成泥，放入碟子。

### 5 材料混合攪勻

將蘋果泥倒入藥泥，攪勻後即可敷於眼膜紙使用。

### 6 剩餘裝罐

未用的眼膜膏泥以小湯匙裝入塑膠或玻璃面霜罐。

羅醫師小叮嚀！

眼周肌膚相當脆弱，所以在磨粉時要磨得越細越好，這樣敷用起來才會舒適。使用天然中藥材製成的眼膜，不會給肌膚帶來負擔；敷完後可再擦上眼部保養品，加強滋潤度。

**【使用說明】** 將眼膜膏泥均勻塗在眼膜紙上，敷在眼睛下方約15分鐘。每週用1～2次。

**【保存方式】** 將眼膜膏泥置於塑膠或玻璃面霜罐，密封冷藏。

**【保存期限】** 7日。

# 每週敷美白眼膜2次，改善長年的熊貓眼。

**患者主訴** 29歲愛美的李小姐，因生理期不適來看中醫，我觀察她黑眼圈的問題也頗嚴重，她告訴我用遍了市面上的美白保養品，以及針對黑眼圈的產品都沒有改善，內心早已放棄！

**診療建議** 眼睛周圍的皮膚是全身最薄的，約0.05～0.08公分，且沒有脂肪層保護，加上我們一天眨眼次數多達七、八百下以上，很容易產生皺紋，並且較難消除。**眼部皮膚也容易因疲勞、睡眠不足、情緒壓力等原因，造成供血不足、燥熱上火而產生黑眼圈。**我建議李小姐每週固定2天，洗臉後敷「白芷茯苓美白眼膜」改善眼周黯沉情況，大約3週就會有顯著的效果。

中醫認為產生黑眼圈的原因為肝陰不足、虛火上炎所致，也就是氣血循環差、兼有上火症狀所造成的。臨床上常伴有頭暈、眼乾、口乾、口苦，煩躁易怒、手足易麻、經血量少等陰虛陽亢現象，常用滋肝補腎降虛火，兼活血通絡。**此藥帖「白芷茯苓美白眼膜」，利用「白芷」改善局部血液循環，抑制黑色素在皮下堆積，促進肌膚細胞代謝循環，達到美白養顏、滋潤的功效**；搭配「茯苓」幫助鎮靜、祛斑美白、潤澤皮膚，讓眼睛周圍肌膚快速吸收，適當滋養眼睛周圍皮下膠原蛋白和彈性蛋白，使肌膚細嫩光滑，還能讓你的肌膚水份充足、保持彈性，有助預防皮膚鬆弛起皺紋。

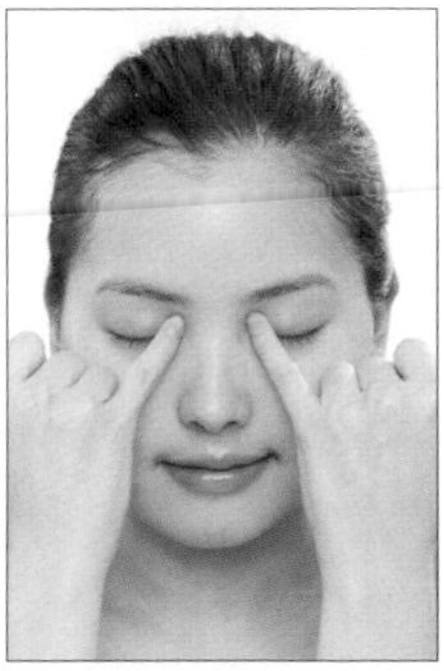

身體清潔

# 洗澡美白肌膚

↓

美妝帖48

## 洋甘菊沐浴乳

適用膚質
所有膚質

台灣氣候潮濕悶熱，空氣中有很多煙塵微粒，容易黏在皮膚上，造成毛孔阻塞；尤其到了夏天，運動或外出後，皮膚大量出汗、出油，有時候一天不只要洗一次澡吧！

市售的身體清潔品如沐浴乳、泡澡劑，部份被驗出含有抗菌防腐劑（PARABEN），**它是致敏物質，是很多皮膚問題的元兇**，長期使用經由皮膚吸收，可能導致荷爾蒙紊亂。針對每天身體都要用的潔膚品，建議避免化學添加物和香料成份；自製漢方沐浴乳，既有清潔功效，又無刺激性和副作用，使用安心又環保。

### 過敏肌也能用！洋甘菊潤膚、美白

「洋甘菊」有抗菌、消炎、修復功能。用它來做沐浴乳，能洗淨、滋潤、美白肌膚，洗後不會有乾燥、緊繃感，過敏性肌膚也可安心使用。

# 洋甘菊沐浴乳 STEP BY STEP 這樣做！

## 工具

- 不鏽鋼鍋……2個
- 網狀過濾勺……1個
- 6號過濾袋……1個
- 食品用溫度計……1支
- 攪拌棒……1支
- 壓嘴式玻璃瓶……1個

## 材料

❶ 益母草……10克
❷ 百部……15克
❸ 洋甘菊……10克
❹ 鮮橘皮……30克
❺ 純水……600毫升
❻ 樹薯粉……15克
❼ 橄欖油……3毫升

## 作法

### 1 加水煎煮

材料❶～❹入第一鍋，加水400毫升，煮剩100毫升。

### 2 濾出汁液

將過濾袋放入網狀過濾勺，撈出藥材，濾汁放涼。

### 3 第二鍋煮水

於第二鍋加200毫升純水，煮到75～80℃。

### 4 第一鍋加粉、油

將樹薯粉、橄欖油加入第一鍋中，以攪拌棒攪勻。

### 5 兩鍋攪拌均勻

將第一鍋的混合液倒入第二鍋的熱水中，攪拌均勻。

### 6 放涼裝瓶

待稍涼後，裝入壓嘴式玻璃瓶內即完成。

羅醫師小叮嚀！

天然漢方製成的沐浴乳，以自然界植物、中藥材的特性，幫你清潔皮膚、調理油脂，洗後清爽不乾澀。建議你也可以在沐浴乳中添加點「鹽巴」，有除汙、去角質作用，讓皮膚清潔後更滑嫩細緻。

【使用說明】擠出適量的沐浴乳，塗抹輕按身體肌膚，再以清水洗淨。注意，因為沒有加化學起泡劑，所以不會有起泡現象。

【保存方式】將沐浴乳置於壓嘴式玻璃瓶中，冷藏。

【保存期限】7日。

# 古典美人的護膚秘密，洋甘菊潔身嫩肌又清香。

**診療建議** 著名的古典小說中，經常出現「香湯沐浴」，就是用含有天然芳香藥植物放入熱水中當洗澡水。可見古人對中醫藥浴外治早有研究認識，並廣泛應用於生活遊憩、養顏美容、肌膚保健當中。「香湯沐浴」為何能起到一定的滋養作用呢?因為皮膚上有著幾百萬個毛孔，在進行藥浴的時候，**水裡的有效藥物成份可通過毛孔滲入人體，產生一定的養護作用**。如今，每天洗澡沐浴本為現代人每日必做的清潔習慣，可惜的是，現在坊間的沐浴乳、肥皂大多是化學製成，長期使用下會對身體產生不少健康問題。而有些標榜「天然」、「無添加」的清潔產品，真假難辨，且價格差異很大，也不建議使用。我依現代人的沐浴習慣，製作推薦「**洋甘菊沐浴乳**」，**透過溫熱水的刺激，讓「洋甘菊」所含滋潤、抗炎修復的藥性進入體內，使皮膚保濕而滑嫩**。

**夏天時身體容易燥熱、上火，我建議泡個「野菊花浴」去火：用新鮮「野菊花」30克煮水後入浴，有解毒消炎的功效**。或是在洗澡水中，再適當加一些「**洋甘菊美白沐浴乳**」等天然芳香性的藥物，既能清潔紓解疲勞，又能治養身體、陶冶性情，也不用擔心坊間那麼多化學沐浴乳對身體的經皮毒負擔。另外，乾性肌膚的人，可泡個「**橘皮米糠浴**」：用新鮮橘子皮和洗米水各30克，用布包起後加水煎煮20分鐘，然後倒入熱水洗浴，具有護膚美容作用。

實用附錄

# 大家最常問我的自製漢方藥妝帖Q&A

「漢方」是近來藥膏、美妝品熱門的主打成份，但市售的藥妝常有化學添加物，長期使用會造成肌膚的負擔與過敏疑慮，甚至積毒於體內，導致嚴重發炎、癌症。我希望藉由本書，提供大家簡單自製、實用、對症的48款漢方藥妝帖，能確實得到舒緩、改善病症，不要再受化學有害物質侵害。

## Q1. 本書藥妝帖配方中的中藥材何處買？

本書所設計的48款漢方藥妝帖，都是常見的藥材，並不難取得。可以到有信譽和具有合格販售證明的中藥房、中醫診所購買。**我建議到掛有「行政院衛福部許可的藥商編號和執照」的店家採購中藥材**，比較有保障。盡量不要在夜市、傳統市場、甚至是路邊推銷隨意購買。因為在這些不具合格中藥販售資格的地方購買中藥材，也許價格比較便宜，但藥材的來源、保存過程並不清楚是否安全無虞，而且品質良莠不齊，有可能買到偽劣假貨，或是名稱相似度高而被混用的藥材。更不要購買像地下電台促銷來路不明的藥品或藥材。所謂「一分錢一分貨」，可以多找些店家比較，也可以參照中藥材價目表（第204~205頁），以免被騙。特別注意，沒有用完的藥材原料，也須放冰箱冷藏，以免長霉。

## Q2. 自製藥妝帖的成品保存方式？保存期限？

由於我強調天然、無添加，因此本書的所有配方都沒有加入防腐劑和化學原料，是最有安全保證的藥妝品。最好製作完成盡快就用完，以免遭受如微生物、細菌、病菌或黴菌的感染。放得越久成品受到污染的機會就越大，恐導致副作用的發生。

我建議ＤＩＹ漢方藥妝品，**最好每次製作少量的成品就好，以方便盡快用完，並存放在陰涼處或冰箱裡保存並避免陽光直射，期限大約是7天～14天左右**，以確保保養品的新鮮度。

## Q3. 皮膚過敏者可使用醫師推薦的這些藥妝、美妝帖嗎？

儘管ＤＩＹ保養品無添加任何化學原料，如容易過敏的肌膚，在開始使用之前，一定要做**肌膚的過敏性測試**：建議使用前，先將部分製作好的產品塗在前臂內側或是後耳部，並停留1個小時，如果沒有紅腫刺激反應，才可安心使用。

若擔心自製的漢方藥妝品對肌膚有刺激疑慮，建議先看中醫師，問明各配方與本身體質和目前病情的適用性；藥妝品則剛開始不要一次做太多，先少量試做使用。使用ＤＩＹ保養品時，一旦皮膚產生任何不適感或異狀，一定要立刻停止使用並就醫診治。肌膚會產生敏感現象，可能的原因不見得都是漢方藥妝品中的成份，要考慮的是與使用當時的生理狀況或肌膚狀態有關。如果肌膚變紅，有可能是因為過敏，但過敏原因也是因人而異的。

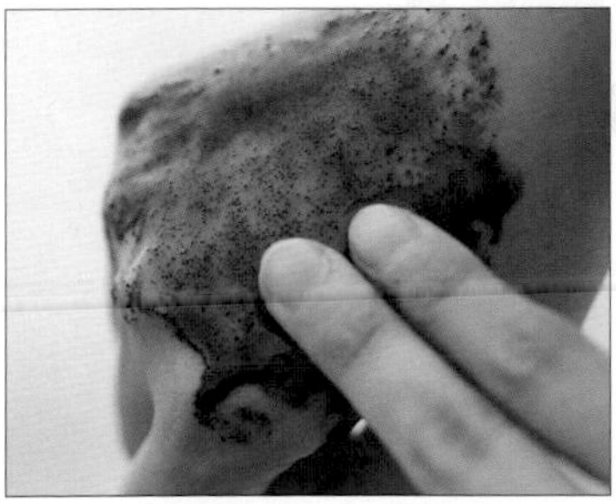

▲過敏性膚質的人，必須先將做好的漢方藥妝品，測試在手背上或手臂內側，觀察有無紅腫過敏反應。

## Q4. 拿來外敷的中藥，比較不會有重金屬或中毒問題？

從101年8月起，台灣進口中藥都必須經過檢驗核准才能入境使用，其中需經過衛福部認可的實驗室檢測重金屬、農藥等項目通過。因此，只要是在有合格標章的中藥房、中醫診所購買，則可避免買到品質不良或質地不純的中藥材，使用於敷貼、外洗時也可安心許多。

## Q5. 想要美白或想消除臉上黑斑，用書中所教的配方，大約要多久時間才有效果？

我所設計的漢方美白藥妝品，主要以「白芷」、「茯苓」等藥材所調配，它能促進肌膚微循環，使肌膚變得潤澤、明亮。

在臨床上，**黑斑患者可使用「三白蛋清散」（第71頁）大約使用1個月即能改善**；如想美白或是常保肌膚亮麗的女性，**可每日睡前洗完臉，敷半小時「白芷茯苓美白眼膜」（第191頁）於全臉，或想變白的地方即可**。此外，平時應注意保護肌膚免受紫外線侵襲，並適度防曬可改善黑斑，雀斑，肌膚也能變得更明亮。

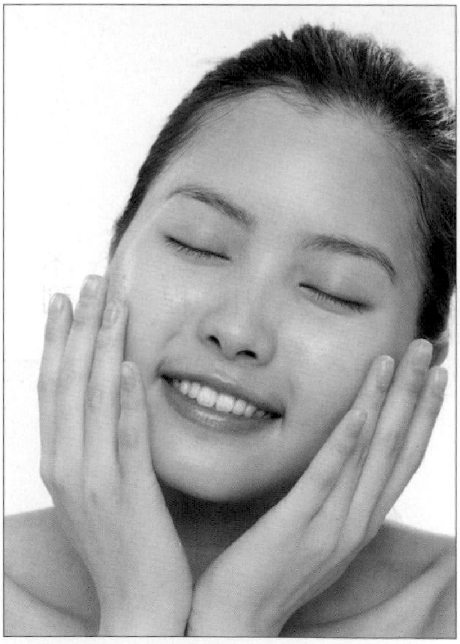

▲想美白的女性，可於每日睡前洗完臉，敷漢方美白藥妝帖半小時，常保美肌。

## Q6. 醫生您介紹的藥妝帖配方都是固定的嗎？找不到某種材料，可用其它材料取代嗎？

**我建議不要隨意更換配方**，如真的對某部份材料過敏、或找不到藥材，**事先需給專業合格的中醫師看診過，由醫師給予建議**。不要私下自行更換組成原料，或加多或減少某個原料，或自行改變製作流程步驟，這是相當危險的！書中介紹的每種配方都很普及，是一般中（蔘）藥房和中醫診所就能買到，部分超市也都有販售，不需擔心。倒是要多注意品質是否新鮮，以及在店家或自家存放過久的問題。

▲書中的配方都是經過研究具有療效的複方，較不建議自行更換材料取代。

## Q7. 用來盛裝自製藥妝成品的容器，需要事先消毒嗎？

不同的漢方藥妝品有不同的特色，有液狀、膏狀、塊狀、粉狀等等，容器需要準備適合的規格與材質，消毒後，當藥液冷卻了再盛裝，才能更有效方便的使用，並確實密封保存。

**盛裝容器的消毒需注意的事：**

❶ **玻璃容器消毒：**玻璃容器用「水煮法消毒」，起一鍋水，在未加熱時就放入玻璃容器於鍋中，同時加熱煮沸約3～5分鐘取出，再擦拭乾淨。

❷ **塑膠容器消毒：**塑膠容器可以用水沖乾淨後，放入「紫外線滅菌箱」（消毒奶瓶那種）消毒，直到容器內不要有水氣（珠）再取出；也可使用75％濃度的酒精噴霧擦拭消毒。

▲玻璃容器消毒時，須放在冷水中一同煮沸，才不會有裂痕。

## Q8. 假如皮膚癢或其他症狀較嚴重，可以隨時把DIY的成品拿來擦嗎？

本書示範的33款藥妝品，皆能針對不同狀況舒緩症狀。我認為每天適量塗抹在患部，可獲得較好的效果。但必須提醒的是，書中配方雖然原料性質溫和，但絕大多數還是需避開眼睛、耳朵、口唇、陰部及敏感部位。**如有傷口潰爛及糖尿病者需禁用或慎用，使用中有不適或症狀無改善，仍要找專業醫師盡速治療。**

## Q9. 醫生介紹的每款配方，使用很多會有副作用嗎？

使用自製天然漢方藥妝品的好處之一，是漢方外用品不經過腸胃道的吸收，沒有腸胃道刺激的問題。再者，**中藥藥性溫和、副作用小，且製作成藥妝品的劑量低，因此每日在患部塗抹3至4次，都是屬於合理範圍**。

本書所提供的藥妝帖，都是長期在我們診所內使用的處方，我建議每款配方需照書裡的製作方式才有好的效果。例如：乾燥中草藥、乾燥花草……等等，需以煎煮的方式將原料的活性成份用熱水萃取出來（或有些製作成粉末狀，好方便使用和吸收）。也要依照正確的配方比例調配，與步驟的調製，妥善保存與使用，不要自行更改製作流程或調整配方。

而坊間市售含有化學成份的藥妝品，因為添加太多化學物質、防腐劑、人工香精及人造色素等化合物，不僅無法達到預期效果，長期使用過量還會傷害皮膚，導致毛孔堵塞，這也使我們的皮膚無法正常呼吸，甚至吸收和累積不少化學原料在體內難以代謝！

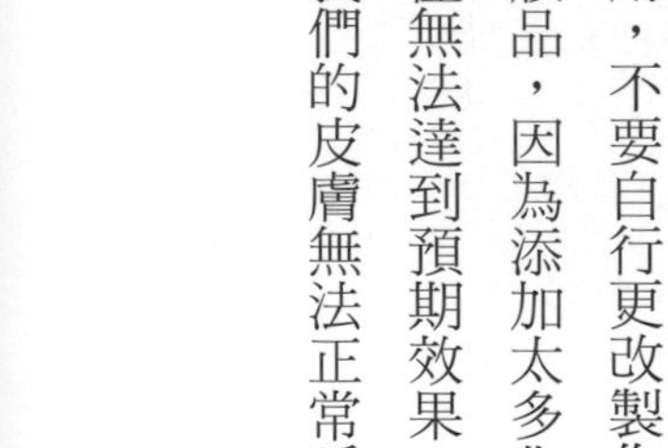

## Q10. 書中介紹的配方都沒有添加防腐劑，假如藥妝品腐壞了，從外觀或氣味可辨別嗎？

書中介紹的配方因完全不添加防腐劑，所以使用期限在1～2個禮拜，且最好密封放入冰箱冷藏。否則保存不當，就會提早腐壞。以下有4種方法，判斷自製的藥妝品是否變質、腐敗：

❶**顏色穩定性：**出現變色、或是褪色的跡象。
❷**味道穩定性：**出現刺鼻或是怪異的氣味。
❸**有無受到細菌污染：**出現菌絲、雜質或是懸浮物。
❹**有無不明結晶析出：**產生異常的結晶體或顆粒。

本書部份藥妝品完全不含水份，僅有蠟質或油的成份，如痱子粉是完全乾燥的粉末狀，菌種就無法存活，因此更無需添加任何防腐劑，只要放置常溫乾燥處，就能保存一定的時間。

## Q11. 我想增加自製藥妝品的香氣，可以自行添加精油、香精嗎？

漢方藥妝品的香氣大多屬淡淡青草味，但因為書中配方皆屬全天然草本蔬果藥材，香味很快揮發淡去。然而，有些人不喜歡中草藥的氣味，而想自行添加精油、香精等材料，我認為相當不妥！有些精油是天然萃取，有些為化學合成，有的精油價格昂貴，不敷成本使用，而且自**行加在藥妝帖中可能會造成變質**。而香精則是化學產物，如果添加在「天然藥妝帖」中，那麼就「不天然」了，更可能會產生過敏反應，或導致肝腎系統的傷害。

## Q12. 自己做漢方保養品，跟市售漢方保養品的差別在哪裡？

近來坊間有許多標榜「漢方保養」、「中藥美妝」的產品，但仔細看成份會發現和化學製成的沒兩樣，都含有化學添加物，實質的漢方比例卻很少，反而造成消費者的混淆。以下是自製漢方保養品和市售保養品相比的最大差異優點，用對產品才能對症舒緩、改善症狀：

一是**「量身訂做」**，可針對個人先天膚質和後天作息的特殊性，選用適合你體質、膚質的藥妝帖來調配專屬保養品，以便對症下藥，讓保養到位。

二是**「天然溫和」**，不需考慮產品賣相或保存期限等販售問題，而加入各種化學添加物，造成肌膚多餘負擔。

三是**「經濟實惠」**，所需花費務實反映材料成本，不需要包裝、行銷、廣告、通路……等支出，完成品的花費僅市售價格的1/4，甚至更低。

## Q13. 書中介紹的中草藥材，價位大概多少？有參考的基準嗎？

若在中藥行、中醫診所購買，一般都以600公克為一包的單位（約16兩）。若覺得量太多，可以購買散裝以100公克或斤兩計算，再依購買量實際換算價錢（也可參考第26頁）。

此外，國內目前中藥的產地及烘焙方式成本提高（譬如野生、有機）、炮製方式、採收方式，以及植物品種都會直接影響藥材價格，且偽藥在市場上廣泛流通，所以大家要特別小心。

以下我列出本書用到的中藥材的價位，以600公克計算，請大家自行斟酌參考：

## 常見的中草藥材價位基準參考

| 植物類 | 價格(600g) | 植物類 | 價格(600g) | 植物類 | 價格(600g) |
|---|---|---|---|---|---|
| 桂枝 | 80 元 | 杏仁 | 210 元 | 甘遂 | 400 元 |
| 薏苡仁 | 90 元 | 乾薑 | 210 元 | 威靈仙 | 420 元 |
| 小茴香 | 105 元 | 蒲公英 | 210 元 | 檸檬草 | 420 元 |
| 羌活 | 120 元 | 大黃 | 220 元 | 黃耆 | 450 元 |
| 馬齒莧 | 140 元 | 皂莢 | 220 元 | 龍膽草 | 450 元 |
| 虎杖 | 150 元 | 黃柏 | 220 元 | 蒼朮 | 500 元 |
| 藿香 | 150 元 | 桑白皮 | 240 元 | 丁香 | 520 元 |
| 艾葉 | 160 元 | 升麻 | 280 元 | 紅花 | 520 元 |
| 葛根 | 170 元 | 甘草 | 280 元 | 藁本 | 560 元 |
| 白芥子 | 170 元 | 百部 | 280 元 | 金銀花 | 560 元 |
| 伸筋草 | 170 元 | 紫草 | 280 元 | 白蘚皮 | 580 元 |
| 益母草 | 170 元 | 黃芩 | 280 元 | 柴胡 | 630 元 |
| 側柏葉 | 170 元 | 紫草 | 280 元 | 杭菊花 | 650 元 |
| 川芎 | 180 元 | 山梔子 | 280 元 | 黃連 | 650 元 |
| 苦參 | 180 元 | 何首烏 | 280 元 | 當歸 | 680 元 |
| 薄荷 | 180 元 | 骨碎補 | 280 元 | 桂花 | 700 元 |
| 地膚子 | 180 元 | 山藥 | 320 元 | 洋甘菊 | 800 元 |
| 佛手柑 | 180 元 | 地骨皮 | 320 元 | 薰衣草 | 850 元 |
| 蛇床子 | 180 元 | 連翹 | 320 元 | 青黛 | 1050 元 |
| 白茯苓 | 180 元 | 牡丹皮 | 320 元 | 白芨 | 2800 元 |
| 土茯苓 | 190 元 | 麥門冬 | 320 元 | **礦物類** | **價格(600g)** |
| 白芷 | 190 元 | 玉竹 | 340 元 | 芒硝 | 70 元 |
| 白蘞 | 190 元 | 細辛 | 340 元 | 枯礬 | 80 元 |
| 川牛膝 | 190 元 | 天門冬 | 340 元 | 石膏 | 100 元 |
| 生地黃 | 190 元 | 玫瑰花 | 380 元 | 滑石 | 100 元 |
| 旱蓮草 | 200 元 | 茉莉花 | 380 元 | | |

※「冰片（外用）」：參考市價400元／磅（1磅＝454克）。（P44、110、128、145）
※以上資料僅供參考，實際價格依市場價格波動而不同。600克≒16兩，37.5克≒1兩。
※資料來源：佳禾中醫診所。

# 後記 讓健康不再擔心受害，每週1次漢方DIY照顧全身和全家！

或許我們在日常生活中，常不自覺地使用了很多化學原料產品，如牙膏、洗髮精、護髮乳、洗手乳、沐浴乳、清潔劑、化妝品、痠痛貼布、皮膚藥膏等。在電視報章中，有時會看到消費者投訴黑心化妝品或醫療藥膏，或者自己或家人就曾經是受害者。

市售藥妝品也多含有化學添加物，這些帶毒性的化合物，往往是**人體的致敏源和致病元兇**，會通過皮膚吸收進入人體沉積，長期在體內危害健康，輕者誘發過敏、皮膚癢、潰爛，重者導致肝腎等內臟發炎病變！或者長期使荷爾蒙失調，造成男性長胸部，女性生理障礙，擔心不孕，或是胎兒先天性過敏、胎兒畸形。

## 天然ㄝ尚好！從神農氏到楊貴妃都有秘密藥妝櫃

中醫是千年來祖先的智慧結晶，利用大自然草本藥性治療諸症，**可同時達到抗菌、調理、保養的多重效用**。而中醫常見的「外治法」，例如：藥浴、火罐、浸泡、貼敷、發泡、薰灸、藥枕、配戴、噴灑等，能針對每個人不同的體質和症狀等特徵，通過「全息觀」和「整體觀」來做調節、緩衝、激發，以提高機體的抗病和修復能力。

將特製的漢方藥妝帖，直接抹、貼或壓在欲使用處、疼痛點或穴位，就能產生強有力的生理學效應。通過局部的吸收、利用、分解、代謝，能改變細胞組織的惡性循環，**提升免疫功能**，**改善過**

**敏、早老、質變等問題**，甚至促進我們「內環境」的良性循環。

在中國現存最早的藥物專著《神農本草經》中，更詳盡記載了數十味具有令面色悅澤、抗衰老、延年、潤膚、去體臭、口臭、療面瘡酒渣鼻、烏髮生髮、長鬚生眉、令人肥健、堅固牙齒、去黑子疣贅等作用的中藥。而「中藥美容」得到很大的發揮，可說是到了唐朝，如集三千寵愛於一身的楊貴妃，她之所以能回眸一笑百媚生，六宮粉黛無顏色，主要就是得力於「美容玉紅膏」。

## 自製天然漢方藥妝帖很簡單，冷藏很方便

「中藥外治」是既傳統又現代的中醫藥療法，它具有簡、便、廉的特點，像我在本書中針對那48種常見病症，設計藥浴、浸泡、貼敷等外用帖，都適合居家自己製作使用，或委託專業的中醫藥診所代製。而且大多數配方，是**製作1次就能用1~2週的份量**，**期間用密封罐冷藏保存也很方便**，方便照顧自己從頭到腳、全家男女老少等藥妝需求。

然而同時，「中藥外治」也是深厚的技術和體系，影響中藥外治療效的因素是多方面的。所以最後再次提醒大家，要提高外用帖的療效作用，建議你要實做DIY之前，**務必先就診查清楚自己或家人的症源病因**，並就個人體質、症狀、作息等問清楚該藥妝帖的使用方式、注意事項。只有這樣，才能使中藥外治法對你產生最好的科學效果！

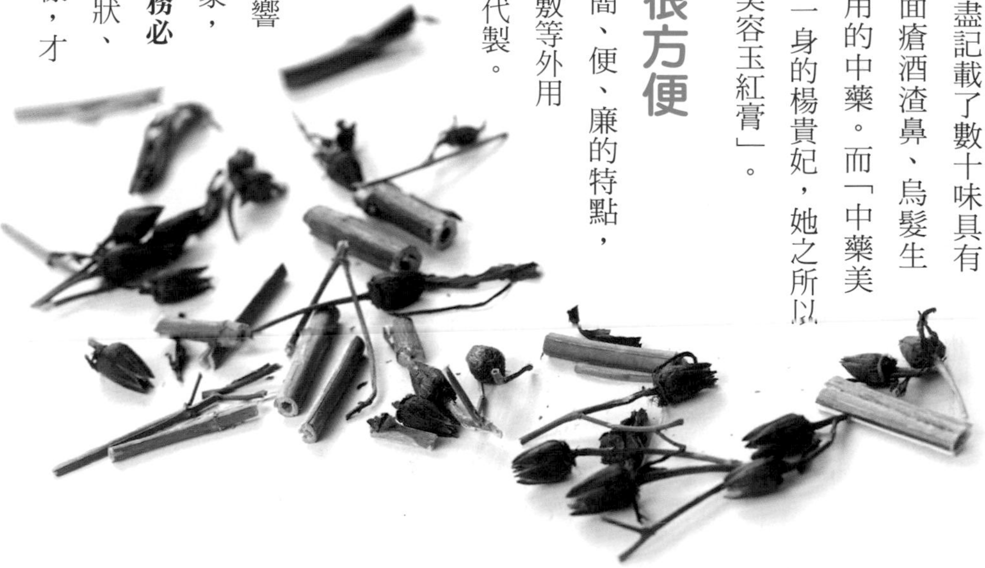

台灣廣廈國際出版集團
Taiwan Mansion International Group

國家圖書館出版品預行編目（CIP）資料

在家做100%純天然漢方藥妝品：中醫博士教你做48款醫療級生活保健用品！步驟簡單易做、花費少，輕鬆守護健康 / 羅明宇著. -- 初版. -- 新北市：蘋果屋, 2019.09
面； 公分
ISBN 978-986-97343-9-4（平裝）
1.化粧品 2.中醫

466.7 108011861

蘋果屋
APPLE HOUSE

在家做100%純天然漢方藥妝品
中醫博士教你做48款醫療級生活保健用品！步驟簡單易做、花費少，輕鬆守護健康

作　　者／羅明宇
平面攝影／子宇影像工作室
編輯中心編輯長／張秀環
封面設計／何偉凱
製版・印刷・裝訂／東豪・弼聖・秉成

行企研發中心總監／陳冠蒨
媒體公關組／陳柔彣
綜合業務組／何欣穎
線上學習中心總監／陳冠蒨
數位營運組／顏佑婷
企製開發組／江季珊、張哲剛

發 行 人／江媛珍
法律顧問／第一國際法律事務所 余淑杏律師・北辰著作權事務所 蕭雄淋律師
出　　版／蘋果屋
發　　行／蘋果屋出版社有限公司司
地址：新北市235中和區中山路二段359巷7號2樓
電話：（886）2-2225-5777・傳真：（886）2-2225-8052

代理印務・全球總經銷／知遠文化事業有限公司
地址：新北市222深坑區北深路三段155巷25號5樓
電話：（886）2-2664-8800・傳真：（886）2-2664-8801
郵政劃撥／劃撥帳號：18836722
劃撥戶名：知遠文化事業有限公司（※單次購書金額未達1000元，請另付70元郵資。）

■出版日期：2019年09月
ISBN：978-986-97343-9-4
■初版7刷：2024年03月